Volker Wiskamp

Das Ökologische Manifest
—
95 Thesen

Bibliografische Information der deutschen Nationalbibliothek:
Die Deutsche Nationalbibliothek verzeichnet diese Publikation
in der deutschen Nationalbibliografie;
detaillierte bibliografische Daten sind im Internet
über dbn.dbn.de abrufbar.

Herstellung und Verlag BoD - Books on Demand, Norderstedt

ISBN: 978-3-7543-2363-2

Vorwort

Als Martin Luther im Jahr 1517 seine 95 Thesen zur Kirchenkritik an die Pforte der Wittenberger Schlosskirche nagelte, wurde er verhaftet, für vogelfrei erklärt und konnte nur im Exil auf der Wartburg überleben. Bei meinen 95 Thesen zur Ökologie wird es wohl nicht so dramatisch ausgehen. Ich werde Ende März 2023 die Schlüssel zu meinem Fachbereich abgeben, man wir mir unverzüglich meinen E-Mail-Account schließen, und dann darf ich von meinem heimischen Balkon über den schönen Darmstädter Stadtwald blicken und meine ordentliche Beamtenpension genießen.

Als Karl Marx und Friedrich Engels 1848 das Kommunistische Manifest publizierten, dauerte es noch 69 Jahre, bis Wladimir Illjitsch Lenin in Russland die Revolution anzettelte, die viel Unheil über die Welt brachte, also ziemlich schiefging. Mit einer Ökologischen Revolution können wir nicht mehr so lange warten, und misslingen darf sie schon gar nicht, denn sonst sieht es nicht nur für den Chemieunterricht – die Zielgruppe dieses Buches sind Chemie-Lehrende sowie ihre Schülerinnen und Schüler, Studentinnen und Studenten – sehr, sehr düster aus.

Deshalb gebe ich im Folgenden 95 Tipps, wie man aus dem Chemieunterricht heraus, aber fächerübergreifend, Schülerinnen und Schülerinnen, Studentinnen und Studenten für ökologische Fragestellungen sensibilisieren und ihnen vor allem die Hoffnung und Zuversicht vermitteln kann, dass die Welt doch noch irgendwie zu retten ist und dass es lohnenswert ist, sich dafür einzusetzen, damit dies tatsächlich gelingt.

Ein Aufklärungsdefizit bezüglich ökologischer Probleme haben wir eigentlich gar nicht. Aber die meisten Menschen vertragen es nicht, wenn man ihnen sachlich die Wahrheit sagt, wie schlecht es um den Gesundheitszustand unseres Planeten Erde steht und welche Konsequenzen das auch für sie haben kann. Dann setzt bei ihnen ein Verdrängungsprozess ein (kognitive Dissonanz) – man will es einfach nicht wahrhaben. Und wenn Fachwissenschaftler gar zu sparsamerem Verbrauch von Energie, zum Verzicht auf Fleisch und Flugreisen aufrufen, wenn die Menschen also das Gefühl haben, man wolle ihnen etwas von ihrem gewohnten Wohlstand wegnehmen, dann ist Widerstand vorprogrammiert und das Ziel, die Welt vor dem ökologischen Kollaps zu bewahren, kaum zu erreichen.

Deshalb ist es vermutlich besser, die ganze Geschichte positiv zu erzählen, also zu betonen, wie einmalig und schön das Leben auf der Erde ist – und deshalb geschützt werden muss. Man sollte an die Vorstellungkraft der Menschen – hier insbesondere der Schülerinnen und Schülerinnen, Studentinnen und Studenten – appellieren, wie ihre zukünftige lebenswerte Welt ohne Smog in den Großstädten, ohne vermüllte Ozeane, ohne tote Fichtenbestände etc. aussehen kann und in der das so hektisch überdrehte Leben in unserer momentanen Konsumgesellschaft deutlich entschleunigt ist. Man sollte nicht primär fachlich korrekt und trocken berichten, dass die Temperatur steigt, die Ozeane versauern, die Insekten sterben etc., sondern hervorheben, was man effektiv dagegen tun kann, und nette und trotzdem nachdenklich stimmende Geschichten erzählen, die über das Fach Chemie Freude am Leben wecken.

Einige solcher Geschichten sind im zweiten Teil dieses Buches zusammengestellt. Das Leitmotiv dazu ist der berühmte Ausspruch des Diogenes „Geh' mir aus der Sonne", mit dem der Philosoph dem jungen mazedonischen König Alexander unmissverständlich gesagt hat: Eroberungsfeldzüge sind Quatsch und bringen nur Unheil über die Welt; angesagt ist hingegen das Studium der Sonnenenergie und deren Nutzen zum Wohle der Menschheit. Die Sonne schickt keine Rechnung – das ist der Schlüssel zur erforderlichen ökologischen Wende, zu der das vorliegende Manifest aufruft. Mit Diogenes als weisestem Chemiker aller Zeiten als Leitfigur.

Darmstadt, im Juli 2021

Volker Wiskamp

Inhaltsverzeichnis

Teil I

Das Ökologische Manifest – 95 Thesen

Ein Gespenst geht um!

Es hat viele Gesichter und droht die Menschheit und große Teile der Natur zu verschlingen – Klimawandel, Naturkatastrophen, Überbevölkerung, Artensterben, Ressourcenknappheit, Energieverschwendung, Vergiftung und Vermüllung von Wasser, Luft und Boden, Krieg, Gewalt, Terrorismus, Rassismus, Sexismus, Speziezismus, Armut, Hunger und Elend, Epidemien, Ungerechtigkeit, Verfall der Sitten und der Demokratie, Mangel an Bildung, Fake-News, Verschwörungstheorien …

Darum, sehr geehrte Chemie-Lehrerinnen und -Lehrer, Chemie-Professorinnen und -Professoren aller Länder, besinnen und vereinigen Sie sich, um Ihren Schülerinnen und Schülern, Ihren Studentinnen und Studenten durch einen engagierten Unterricht die Hoffnung und Zuversicht zu vermitteln, das Gespenst bändigen und die Welt retten zu können! Noch ist es dazu nicht zu spät, aber die Zeit drängt!

Chemie-Lehrende, aller Länder, bedenken und lehren Sie bitte, was in den folgenden 95 Thesen bzw. Tipps steht.

1 Chemie – die Basiswissenschaft

1. *Die Chemie ist eine zentrale Naturwissenschaft, die sehr viel dazu beitragen kann, die Welt und insbesondere das Leben zu verstehen.*

Zu vermitteln, dass das Leben einzigartig – sagen wir ruhig: wunderbar – ist und dass wir Menschen Demut vor dieser Einzigartigkeit empfinden sollen, sollte das Hauptziel Ihres Unterrichtes sein. Machen Sie Ihren Schülerinnen und Schüler, Studentinnen und Studenten außerdem bitte klar, dass auch unsere Erde einzigartig ist. Zeigen Sie ihnen bitte das bedeutendste Foto der Menschheit, *Earthrise*, das die

Astronauten Frank Borman, William Anders und James Lovel 1968 auf ihrer ersten Mondumrundung von unserem Heimatplaneten geschossen haben. Predigen Sie dazu: Mehr als diesen einem Planeten haben wir nicht!

2. *Die Chemie, ist eine wichtige Teildisziplin der Ökologie, der Wissenschaft von den Wechselwirkungen zwischen den Lebewesen und ihrer Umwelt.*

Seien Sie sich bitte der Tatsache bewusst, dass Sie die Einzigartigkeit des Lebens und des Planeten Erde in der ganzen Fülle nur im Zusammenspiel mit anderen Fachdisziplinen vermitteln können. Das sind Biologie, Physik, Geologie, Politik, Wirtschaft, Philosophie, Religion, Ethik, Kunst, Musik ... hier gehören alle (!) Fächer hin. Haben Sie den Mut, sich aus ihrem Kernfach, der Chemie, heraus in alle anderen Fachdisziplinen hineinzuversetzen; Sie schaffen das, und es macht sehr viel Freude. Fordern Sie dann Ihre Schülerinnen und Schülern, Studentinnen und Studenten auf, dies ebenfalls zu tun, und verkünden Sie die einfache Wahrheit, dass in der Natur alles mit allem zusammenhängt.

3. *Am Anfang war der Wasserstoff.*

Naja, das stimmt nicht ganz, aber beginnen Sie ruhig mit der Chemischen Evolution, der Entstehung der Elemente, der Modellierung der Ursuppe im Miller-Urey-Experiment, der Bildung der ersten Aminosäuren als Bausteine des Lebens, dem Beginn der Fotosynthese, die das aerobe Leben erst ermöglicht hat ... Ihre Schülerinnen und Schülern, Studentinnen und Studenten werden staunen. Und dieses Staunen ist eine Sehnsucht nach Wissen, so formulierte es Thomas von Aquin. Lesen Sie den Beginn der Bibel, natürlich nicht als wissenschaftlichen Tatsachenbericht, sondern als wunderschöne Poesie, die vermittelt, dass das, was gut ist, auch bewahrenswert ist. Eine Aufgabe für uns alle ... und für unsere Nachkommen.

4. *Die Sonne ist die Triebkraft des Lebens.*

Das hatte Echnaton vor über 3300 Jahren (vermutlich) als erster richtig erkannt. Lassen Sie sich bitte von der Weisheit des alten Pharaos leiten und lehren Sie, dass die Energieversorgung der Menschheit und damit deren zukünftige Existenz von der Sonne abhängt, sei es in Form der Solarthermie, der Photovoltaik oder der sonnengetriebenen Windenergie.

5. *„Geh' mir aus der Sonne."*

Diogenes las dem jungen mazedonischen König Alexander vor über 2300 mit diesem Ausspruch die Leviten: Eroberungsfeldzüge sind Quatsch und bringen nur Unheil in die Welt; das Studium der Sonne und die Nutzung der Sonnenenergie zum Wohle der Menschheit ist angesagt! Das sollen sich Ihre Schülerinnen und Schülern, Studentinnen und Studenten besonders gut merken.

6. *Chlorophyll ist der wichtigste Metallkomplex.*

Unterrichten Sie bitte, dass der grüne Farbstoff viel mehr ist als nur eine magnesiumorganische Komplexverbindung, sondern der Vermittler zwischen der Sonnenenergie und dem Leben auf Erden. Chlorophyll nimmt die Sonnenenergie auf und leitet sie zur Synthese energiereicher chemischer Verbindungen, die für Lebensprozesse benötigt werden, weiter.

7. *Adenosintriphosphat ist der Assistent der Sonne.*

Nennen Sie die Verbindung ATP ruhig so; Ihren Schülerinnen und Schülern, Studentinnen und Studenten wird das einleuchten. Denn in der Lichtphase der Fotosynthese, und zwar bei der Deaktivierung des durch Sonnenlicht angeregten Chlorophylls im Fotosystem II, bildet sich das energiereiche ATP aus Adenosindiphosphat und Phosphat. Anschließend kann ATP viele andere Verbindungen phosphorylieren und auf diese Weise für lebenswichtigen Folgereaktionen aktivieren.

8. *Hämoglobin ist der zweitwichtigste Metallkomplex.*

Der rote eisenhaltige Farbstoff ist für Aerober, zu denen wir Menschen gehören, das Transportmolekül, welches den eingeatmeten Sauerstoff in unsere Verbrennungskraftwerke, die Mitochondrien, leitet, wo biochemische Wasserstoffträger wie $NADH/H^+$ oder $FADH_2$ zur Gewinnung unserer Lebensenergie oxidiert werden.

4

9. *Anaerober und Aerober sind ein perfektes Team.*

Stellen Sie im Unterricht einmal die provozierende Frage, ob Anaerober ethisch betrachtet höherwertige Lebewesen sind als Aerober. Immerhin beziehen die Anaerober Ihre Lebensenergie von der Sonne und synthetisieren energiereiche Verbindungen auf Basis von anorganischem Kohlenstoffdioxid und Wasser und müssen deshalb kein anderes Leben vernichten. Bei den Aerobern ist das anders. Sie benötigen für ihr Leben energiereiche Verbindungen, die sie verbrennen und die sie von *anderen* Lebewesen bekommen. Wir Menschen müssen also einen Salat oder einen Fisch umbringen, um selbst zu überleben. Wir töten anderes Leben, während die grünen Pflanzen das nicht tun. (Vgl. [1].)
Das wird gewiss eine aufgeheizte Diskussion werden, die man ganz friedlich beenden kann, indem man Aerober und Anaerober als ideales Team deutet, welches *gemeinsam* geschlossene Stoffkreisläufe realisiert. Ihre Schülerinnen und Schülern, Studentinnen und Studenten werden verstehen, dass jede Lebensform ihre Berechtigung und ihren Wert hat, dass wir eingebettet sind in die großen Kreisläufe der Natur und dass das sehr, sehr gut ist.

10. *Die Strukturen chemischer Verbindungen sind umwerfend schön.*

Der Tetraeder des Methans, der Oktaeder des Schwefelhexafluorids, der Würfel in der Elementarzelle des Natriumchlorids … Welche Intuition hatte der griechische Philosoph Platon, als er voraussagte, dass die Materie aufgebaut sei aus kleinsten Bausteinen mit hochsymmetrischen Strukturen, die man heute Platonische Körper nennt! Das müssen Sie so unterrichten. Denn mit schönen Kunstwerken wird man äußerst vorsichtig umgehen, damit man sie nicht zerstört, sondern immer wieder neu mit Begeisterung betrachten kann.

11. *Molekülorbitale sind nur primitive Modell für Beziehungswirklichkeiten.*

Wenn Sie gerade bei Platon sind, erzählen Sie bitte auch sein Höhlengleichnis und machen dazu folgenden Analogschluss: Was sind Molekülorbitale anderes als Schatten an der Wand, die uns nur eine grobe Vorstellung von den gegenseitigen

Wechselwirkungen der Elektronen in einer Verbindung geben? Auf welch fantastische Weise auch auf der subatomaren Ebene alles mit allem in Beziehung steht, können wir nur erahnen.

12. *„Alles ist Zahl."*

Auf das stöchiometrische Rechnen bezogen, gilt dieser Spruch des Pythagoras gewiss. Er bedeutet aber noch mehr: Ordnung, feste Beziehungen, Harmonie – das ist genau das, was sich die meisten Menschen im Leben wünschen.
Beginnen Sie Ihre Erklärung zur infrarotlichtabsorbierenden Eigenschaft von Treibhausgasen ruhig mit der Schwingungslehre des Pythagoras.

13. *Wasser ist Leben.*

Thales von Milet war es, der das Wasser als den Urstoff des Lebens bezeichnet hat. Bitten Sie Ihre Schülerinnen und Schüler, Studentinnen und Studenten, das Wasser sinnlich wahrzunehmen: beim Trinken, beim Schwimmen, im Regen, im Schnee, beim Rauschen eines Gebirgsbaches, beim Kochen … Wir stehen in Beziehung zum Wasser, wollen kein schmutziges und stinkendes Wasser, wollen nicht zwischen Plastikmüll schwimmen …
Erst später sollten Sie das Dipolmoment des Wassers, sein Phasendiagramm, seine Wasserstoffbrückenbindungen, kurz: das Fachwissen über H_2O vermitteln.

14. *Kein Leben ohne Luft.*

Anaximenes hielt – anders als sein Kollege Thales – die Luft für den Urstoff des Lebens. Lassen Sie auch hier Ihre Schülerinnen und Schüler, Studentinnen und Studenten die Luft sinnlich erleben: die heiße Luft aus einen Haarfön, die sanfte Brise am sommerlicher Meeresstrand, den eisigen Schneesturm, das Hecheln nach Luft nach einem 100-Meter-Sprint … Zahlreiche Meditationstechniken sind auf unser Ein- und Ausatmen, die Schwingung unseres Lebens, fokussiert. Wir lieben die „frische" Luft und verabscheuen die „verpestete". …
Die chemische Zusammensetzung der Luft und das ideale Gasgesetz kommen später dran.

15. *Feuer treibt das Leben an.*

Nun, unter den antiken Naturphilosophen herrschte kein Konsens. Heraklit hielt nicht das Wasser oder die Luft, sondern das Feuer für den Urstoff des Lebens. Vielleicht hat er bei Echnaton abgeschrieben, für den die Sonne das göttliche Urfeuer war (s. These 4). Heute interpretieren wir Feuer als eine Reaktion, bei der Energie in Form von Licht und Wärme freigesetzt wird.
In der Regel wird die Beherrschung des Feuers durch den Menschen als der Beginn der Zivilisation gepriesen, und in der Tat hat das Feuer zahllose technische Innovationen und Fortschritt hervorgebracht. Wir singen am Lagerfeuer Lieder zu Gitarrenklängen, wir beginnen das neue Jahr mit einem Feuerwerk, wir verbrennen im Feuer verhasste Schulbücher … Die Bändigung des Feuers durch unsere Vorfahren bahnte aber auch den Weg zur Atombombe und markierte den Anfang des Treibhauseffektes.
Wer hat die Ambivalenz des Feuers besser beschrieben als Friedrich Schiller in seinem Lied von der Glocke? Zitieren Sie daraus bitte die Verse 154-167:

„Wohltätig ist des Feuers Macht, Wenn sie der Mensch bezähmt, bewacht. Und was er bildet, was er schafft, Das dankt er dieser Himmelskraft. Doch furchtbar wird die Himmelskraft, Wenn sie der Fessel sich entrafft, Einhertritt auf der eignen Spur, Die freie Tochter der Natur. Wehe, wenn sie losgelassen, Wachsend ohne Widerstand, Durch die volkbelebten Gassen Wälzt den ungeheuren Brand! Denn die Elemente hassen Das Gebild' der Menschenhand."

16. *„Feuer, Wasser, Erde, Luft sind Dinge, die ich mag."*

Das haben Sie und Ihre Schülerinnen und Schüler, Studentinnen und Studenten vermutlich im Kindergarten gesungen – naturkundliche Elementarpädagogik. Empedokles hat die antike Naturphilosophie in seiner Vier-Elemente-Lehre zusammengefasst und konnte damit die ganze Welt erklären. Lachen Sie bitte nicht darüber. Die Lehre des Empedokles lebt in den Umweltwissenschaften weiter, die man in die Umweltbereiche Energie (statt Feuer), Wasser, Boden (statt Erde), und Luft unterteilt.

17. *Auf die Dosis kommt es an, ob ein Stoff gut oder giftig ist.*

Dieser Spruch des Paracelsus ist wohl die zweitgrößte Weisheit nach „Geh' mir aus der Sonne" von Diogenes (s. These 5). Eine Spur Kobalt brauchen wir für als Zentralatom des Vitamins B12; eine größere Menge des Übergangsmetalls ist für uns Menschen hingegen tödlich. Glucose spielt eine Schlüsselrolle im Stoffwechsel; regelmäßig hoher Zuckerkonsum führt zu Diabetes. Ein Volumenanteil von 21 % Sauerstoff in der Luft ist ideal zum Atmen. Atmen wir hingegen längere Zeit reinen Sauerstoff ein, verbrennen unsere Lungen. … Es lassen sich zig solcher Beispiele finden.
Als Fazit nehmen Ihre Schülerinnen und Schüler, Studentinnen und Studentin mit, dass alles – wirklich alles – in der Natur ein Sinn hat; alles wird gebraucht, nur die Menge muss stimmen; zu wenig ist nicht gut, zu viel aber auch nicht.
Für unseren Umgang mit natürlichen Ressourcen heißt das in erster Linie, nachhaltig zu wirtschaften, für unsere Ernährung bedeutet es, Maß zu halten.

18. *Am Anfang war die Gier.*

Das steht zwar nicht wörtlich in Genesis 2. Sie sollten die Apfel-Szene aber so interpretieren. Adam und Eva lebten im Paradies; das ist ein von den meisten Menschen erträumter Zustand, in dem das Leben komplett sorgenfrei ist. Man hat einfach alles, was man benötigt. Aber noch etwas mehr wäre bestimmt nicht schlecht, oder?
Auf diese Frage folgt meistens ein heftiges Nicken – in unserer Konsumgesellschaft, die nach dem Prinzip „weiter, höher, schneller, mehr" funktioniert und unsere Gier anstachelt. Bei Adam und Eva hat die Schlage das getan. Sie ist die Vorläuferin der heutigen Werbung, die Wünsche weckt, die wir eigentlich gar nicht haben, und die uns deshalb zum Verbrechen antreibt. Zum Verbrechen an der Umwelt, denn überflüssiger Konsum fordert überflüssigen Verbrauch an natürlichen Rohstoffen und Energie und führt zu überflüssigem Müll und anderen Umweltbelastungen.
Umweltverschmutzung ist kein chemisches Problem, sondern ein Resultat der menschlichen Gier – das muss in Chemieunterricht klar gesagt werden.

19. *Hochmut kommt vor dem Fall.*

Unter den Menschen gibt es eine besondere Art, den Homo faber, der nicht selten davon überzeugt ist, mit seiner Ingenieurskunst alles machen zu können, ja geradezu einem Machbarkeitswahn verfällt und dann glaubt, allmächtig zu sein.

Daidalos war der Sage nach erste dieser Art. Er wollte fliegen; und was gedacht wird, wird irgendwann realisiert. Wissenschaftlich beeindruckend, wie genau Daidalos die Vögel beobachtete, nach ihrem Vorbild Flügel konstruierte, also Bionik und Biotechnologie betrieb, die Flügel mit Wachs an seinen Körper und den seines Sohnes Ikaros klebte, sodass Vater und Sohn tatsächlich durch die Luft schweben konnten. Doch Daidalos haperte es an der Fähigkeit zur Technikfolgeabschätzung. Und sein Sohn wurde übermütig und wollte höher hinaus als je ein Vogel geflogen ist. So kam er der Sonne zu nahe, deren Lichtstrahlen das Wachs zum Schmelzen brachten, und wurde zum ersten Opfer der Luftfahrt. (Viele Menschen sollten ihm folgen.)

Daidalos hatte und hat im Chemieingenieurwesen viele Nachfolger, die z.B. mit DDT die Anopheles-Mücke ausrotten wollten, mit nur kurzzeitigem Erfolg, dabei aber eine globale Umweltvergiftung bewirkten, oder die mit Dichlordiflourmethan ein Treib- und Kühlmittel erfanden, mit dem sie aber ungewollt die Ozonschicht zerstörten und fast das Lebens auf Erden beendet hätten.

20. *Die Kommunikationskrise ist ein Teil der globalen Metakrise.*

Erzählen Sie Ihren Schülerinnen und Schülern, Studentinnen und Studenten bitte die Geschichte vom Turmbau zu Babel. Warum scheiterte das Projekt? An einer Sprachverwirrung. Die Menschen konnten sich nicht mehr verständigen und verstehen. Und deshalb konnte kein Konsens zum weiteren Vorgehen gefunden werden, was letztendlich zum großen Streit führte.

Leben wir nicht heute in einer ähnlich konfusen Zeit? Klima-Leugner, Corona-Leugner, Verschwörungstheoretiker, die superreiche Männer als zukünftige Diktatoren der Welt sehen, Kohle-Ausstieg im einen Land, Neubau von Kohlekraftwerken im anderen, Stilllegung von Atomkraftwerken hier, Ausbau der Atomenergie dort, Vogelschutz contra Windenergie, Glyphosat contra Biolandwirtschaft, Veganer contra Massentierhalter ... Weiß noch jemand, wohin die Reise geht?

Gerade im Chemieunterricht besteht die Möglichkeit, Fake-News über die globale Öko-Krise zu entlarven und den Rat zu geben, auf evidenzbasierte Wissenschaft zu hören.

21. *All Things Must Pass.*

Das ist der Titel des Opus Magnum von George Harrison. Doch die Erkenntnis, dass alles vergänglich ist, stammt nicht vom Ex-Beatle, sondern steht sinngemäß bereits auf einer fast 4000 Jahre alten Tontafel, in die mit Keilschrift das Gilgamesch-Epos eingeritzt wurde: Der junge König Gilgamesch aus der babylonischen Stadt Uruk war untröstlich über den Tod seines besten Freundes Enkidu, konnte den Tod nicht akzeptieren, machte sich deshalb auf die Suche nach der Unsterblichkeit, musste aber schließlich erkennen, dass es diese nicht gibt.

Gerade weil das Leben vergänglich ist, sollte man es als ein wertvolles Geschenk betrachten. Anabolismus und Katabolismus, Aufbau und Abbau von Biomolekülen, sind zwei große, direkt zusammenhängende Themen in der Biochemie. Vermitteln Sie Ihren Schülerinnen und Schülern, Studentinnen und Studenten, dass jeder von uns mit hoher Wahrscheinlichkeit ein paar Atome in sich trägt, die einem Lebewesen aus einer lange vergangenen Zeit gehört haben – z.B. einen Dinosaurier. Jeder von uns ist zu einem gewissen Maße ein T-Rex. Wer sich der Vergänglichkeit des Lebens bewusst ist, wird jedes Leben, also z.B. auch das von Wildkräutern oder Insekten, wertschätzen, schützen und bewahren wollen. Das ist dann ein Zeichen von Weisheit.

Moses betet im 90. Psalm: „Lehre uns bedenken, dass wir sterben müssen, auf dass wir klug werden."

22. *Keine Chance dem Transhumanismus!*

Die Engländerin Mary Shelley schuf 1818 die wohl berühmteste Figur der fantastischen Literatur: Frankenstein [2]. Dr. Viktor Frankenstein konnte – ähnlich wie Gilgamesch –

den Tod seines liebsten Menschen nicht ertragen und schwur am Grab seiner Mutter, den Tod zu stoppen. Der ambitionierte und hochtalentierte Mediziner nähte Leichenteile zusammen und erweckte sein Geschöpf mit einem hineingeleiteten Blitz tatsächlich zum Leben. Damit war der Wissenschaftler zum Homo deus geworden. Doch sein Geschöpf war wegen der vielen Nähnarben hässlich, sodass die Menschen Angst vor ihm hatten und es nicht in ihre Gesellschaft integrierten. Deshalb nahm es blutige Rache … Welche Möglichkeiten hätte Viktor Frankenstein, heute, also gut 200 Jahre später? Er könnte seine Kreatur mit bioabbaubaren Fäden aus Polymilchsäure zusammennähen, sodass nach kurzer Zeit keine hässlichen Nähte mehr zu sehen wären. Schönheitschirurgen würden mit Botox noch etwas nachhelfen, und eine Perücke eine modische und schicke Frisur garantieren. Überhaupt müsste Dr. Frankenstein gar keine Leichenteile mehr verwenden, denn Organe könnte er aus embryonalen Stammzellen züchten. Prothesen und künstliche Gelenke, veredelt mit Nano-Beschichtung, könnten die Knochen substituieren, Siliconschläuche die Arterien und Venen, Kontaktlinsen die Augen, Cochlea-Implantate die Ohren. Ein Herzschrittmacher würde den Kreislauf zuverlässig auf Trab halten. Schließlich könnte dem Geschöpf mit CRISPR Cas ein Mozart- oder/und Pelé-Gen in sein Genom geschnitten werden, und selbstverständlich wäre noch ein Upgrading seines Gehirns durch Anschluss an einen Quantencomputer machbar.

Daidalos hatte ans Fliegen gedacht; er hat es realisiert und bitter bereut. Warnen Sie Ihre Schülerinnen und Schüler, Studentinnen und Studenten eindringlich vor dem Machbarkeitswahn der vielen Nachfahren, die Dr. Viktor Frankenstein heute hat, unter Medizinern, Biologen, Chemikern … Der Transhumanismus ist näher als wir denken!

23. *Wissen ist Macht, doch das Bacon'sche Zeitalter ist vorbei.*

Vor ungefähr 400 Jahren war der englische Philosoph, Jurist und Staatsmann Francis Bacon ein begeisterter Förderer der Wissenschaft, weil er fest davon überzeugt war, dass neue Erkenntnisse und neues Wissen zu einem politischen und wirtschaftlichen Machtzuwachs führen würden und dass ein technischer Fortschritt gleichzeitig ein menschlicher sei.

Nun, wer einst den Carnot-Kreisprozess verstanden hatte, konnte Dampfmaschinen bauen und damit eine industrielle Wohlstandsgesellschaft begründen. Lange Zeit bescherte die Technik der Menschheit tatsächlich eine Verbesserung ihrer Lebenssituation. Doch gilt das heute noch? Macht ein Zwei- oder Drittauto seine Besitzer wirklich glücklicher? Ist gentechnisch hergestelltes Insulin ein biotechnologischer Fortschritt oder nicht eher ein dringend benötigter Wirkstoff gegen Diabetes, woran immer mehr Menschen erkranken, weil sie sich mit Fast-Food ungesund und falsch und mit Junk-Food wie Popcorn und Chips überernähren? Warum greifen Menschen zunehmend zu Drogen und Hirndoping-Mittel und werden psychisch krank?
Wohlstand – Gesundheit – Gesellschaft – Umwelt, ein spannendes Thema für den Chemieunterricht.

24. *„Ich weiß, dass ich nichts weiß.“*

Sokrates klingt viel sympathischer als Bacon. Zu behaupten, Wissen sei Macht, wäre dem griechischen Philosophen wohl kaum über die Lippen gekommen. Mit seinem berühmten Ausspruch „Ich weiß, dass ich nichts weiß“, stapelt er natürlich tief. Vorbildlich ist aber seine Bescheidenheit und wissenschaftliche Redlichkeit, die gerade im Chemieunterricht und -studium besonders betont werden muss. Ob wir im Besitz der Wahrheit sind, wissen wir nicht. Wir können höchstens sagen, dass ein evidenzbasierter Konsens einer großen Mehrheit von Wissenschaftlern mit einer hohen Wahrscheinlichkeit der Wahrheit nahekommt [3].
Viele Jahrtausende waren die Menschen davon überzeugt, dass sich die Sonne um die Erde dreht; über 2000 Jahre – seit Demokrit – hielt man die Atome für die kleinsten, nicht weiter teilbaren Bausteine der Materie … Ein wissenschaftlicher Konsens kann durch eine neue Evidenz verändert und sogar umgeworfen werden – das gehört zur Wissenschaft. Zahlreiche Hypothesen haben sich in der Vergangenheit als falsch erwiesen. Doch das macht nichts – man irrt eben voran.

25. *Es gibt kein nachhaltiges Wachstum!*

Der erste Bericht an den Club of Rome über die Grenzen des Wachstums [4] ist nach wie vor ein Klassiker der Öko-

Literatur, der im Chemieunterricht und -studium gelesen werden muss, auch wenn in seinem Erscheinungsjahr 1972 vom Klimawandel noch keine Rede war.

In der Tat werden – wie damals prognostiziert – manche Rohstoffe zunehmend knapp, und einige von ihnen bergen sogar enormes Konfliktpotenzial in sich, weil sie sich in oftmals korrupten Monopolen befinden; beispielsweise Kobalt, Graphit und Lithium für Batterien, Tantal für Kondensatoren, Neodym als Hochleistungsmagnet für Windräder … Außerdem sollten wir uns fragen, wie viele Fische wir noch aus dem Meer fangen wollen, wieviel Urwald wir noch brandroden wollen, um Anbauflächen für Soja für die Massentierhaltung zu gewinnen? Schließen Sie sich bitte mit Ihren Kolleginnen und Kollegen zusammen, die Politik und Wirtschaft unterrichten, und führen Sie Ihre Schülerinnen und Schüler, Studentinnen und Studenten in die Postwachstumsökonomie ein. Denn ein Wirtschaftssystem, das auf einer permanenten Steigerung des Bruttoinlandsproduktes basiert und zu dem auch die Chemische Industrie einen erheblichen Beitrag leistet, muss in Anbetracht der planetarischen Grenzen irgendwann – vielleicht schon bald? – kollabieren.

Es gibt kein nachhaltiges Wachstum!

26. *„Handle so, dass die Wirkungen deiner Handlung verträglich sind mit der Permanenz echten menschlichen Lebens auf Erden!“*

Mit diesem ökologischen Imperativ begründet der Philosoph Hans Jonas „Das Prinzip Verantwortung" [5] – ein weiteres Literatur-Muss im Chemieunterricht – und eine Ethik der „Fernstenliebe". Jonas fordert eine Technikfolgeabschätzung, bei der vorsichtshalber der schlechten gegenüber der guten Prognose der Vorrang zu geben sei. Denn negative Folgen einer neuen Erfindung haben zukünftige Generationen auszubaden.

Klaut der Jugend nicht die Zukunft! – so ungefähr hat es Greta Thunberg völlig zu Recht formuliert.

2 Wasser

27. *Ein Puffer funktioniert nicht ewig.*

Die Titration von Essigsäure mit Natronlauge ist immer wieder faszinierend. Tröpfchen für Tröpfchen fällt die Maßlösung aus der Bürette in den Erlenmeyerkolben mit dem Analyten, wo zunächst zumindest optisch nichts passiert. Doch dann, ganz plötzlich, mit einem weiteren Tropfen Natronlage schlägt der Indikator Phenolphthalein nach rot um. Der Äquivalenzpunkt der Titration ist überschritten. In diesem Experiment lernen die Schülerinnen und Schüler, Studentinnen und Studenten, was ein Kipppunkt ist. Lange Zeit ändert sich der pH-Wert der Reaktionsmischung kaum, denn es liegt mit noch vorhandener Essigsäure und gebildetem Natriumacetat ein korrespondierendes Säure-Base-Paar vor, das Puffereigenschaften hat. Doch irgendwann ist die Pufferkapazität überschritten, und dann wird das Reaktionssystem schlagartig alkalisch.
In der Titrationskurve ist der Äquivalenzpunkt ein Wendepunkt. In der Ökologie wird dafür der Begriff Kipppunkt bevorzugt, denn das System kippt um – und das geschieht ganz plötzlich und dramatisch.

28. *0 °C ist ein gefährlicher Kipppunkt.*

Der Gefrierpunkt des Wassers bzw. der Schmelzpunkt des Eises ist ein anderer Kipppunkt.
Betrachten wir den Eisbären auf dem gefrorenen Meer. Solang das Eis eine Temperatur unter 0 °C hat, ist der Lebensraum des mächtigen Tieres intakt. Doch wehe, wenn die Temperatur auf 0 °C steigt: Dann ist alles vorbei. Der Lebensraum des Eisbären verschwindet, und er kann nur hoffen, schwimmend das rettende Festland zu erreichen.
Ob der Eisbär dort als Klimaflüchtling glücklich wird? Wenn er sich auf den Müllhalden der menschlichen Gesellschaft etwas zum Fressen suchen muss? Oder wenn der stärkere Grizzly ihm als Konkurrent betrachtet und angreift? Aber vielleicht ist der Grizzly auch lieb und zeugt mit dem Eisbär-Migranten hübsche Cappuccino-Bären.

29. *Weiß ist eine gute Farbe.*

Schnee und Eis schmelzen, falls es zu warm wird. Wenn der Schnee und das Eis vollständig geschmolzen sind, bleibt der dunkle Boden bzw. das dunkle Wasser zurück. Hier wird das Sonnenlicht viel besser absorbiert, sodass sich die Erdatmosphäre noch schneller erwärmt. Das bezeichnet man als eine positive Rückkopplung, die aber gar nicht „positiv", sondern ein Teufelskreis ist.

Auf Skifahren und Schlittschuhlaufen können wir (vielleicht mit etwas Murren) verzichten, nicht aber auf die weiße Farbe von Schnee und Eis, die das Sonnenlicht reflektiert und unseren Planeten auf diese Weise vor einer Überhitzung schützt.

30. *Versiegt der Golfstrom? – Eine existenzielle Klimafrage.*

Wasser erwärmt sich, wenn die Sonne darauf scheint, was besonders intensiv in der Äquatorgegend geschieht. Warmes Wasser hat eine geringere Dichte als kaltes und bildet deshalb eine Schicht auf dem kälteren und dichteren Tiefenwasser. Da das Wasser vom Äquator in Richtung Nord- bzw. Südpol kälter wird, resultiert ein Dichte- bzw. Energiegradient, der Wasserströmungen zur Folge hat. Um diesen auszugleichen, bewegt sich das warme äquatoriale Oberflächenwasser nach Norden, erwärmt auf seinem Weg die Luft, die als Westwind für ein relativ mildes Klima in Westeuropa sorgt. Das ist der Golfstrom. Abgekühlt und deshalb dichter geworden, sinkt das Wasser im Polarbereich nach unten und fließt als Kaltwasserstrom an der amerikanischen Ostküste entlang zum Äquator zurück.

Ob und wie sich dieses atlantische Strömungssystem bei zunehmender Erwärmung der Atmosphäre verändert, kann schwer vorausgesagt werden. Fließt das dann noch wärmere äquatoriale Wasser schneller in Richtung Norden und transportiert es noch mehr äquatoriale Wärme nach Europa? Oder wird der Golfstrom schwächer und kommt eventuell sogar ganz zum Erliegen, weil sich das polare Wasser auch erwärmt und die Temperaturdifferenz gegenüber dem vom Süden zuströmendem Warmwasser kleiner wird? (Vgl. [6].)

31. *Sinkt der Salzgehalt im Meer? – Eine zweite existenzielle Frage.*

Das Wasser im Nordatlantik enthält ungefähr 3 % Natriumchlorid. Fragen Sie Ihre Schülerinnen und Schüler, Studentinnen und Studenten, was passiert, wenn die Eisberge und das grönländische Festlandeis schmelzen? Eis ist gefrorenes Süßwasser und verdünnt beim Schmelzen die momentan noch 3 %ige NaCl-Lösung. Was ist die Folge? Wenn der Salzgehalt im Wasser abnimmt, wird dessen Dichte geringer. Sinkt das Wasser dann noch in die Tiefe, sodass Wasser aus der Äquatorgegend nachströmen kann? Kann der Golfstrom auf diese Weise zum Erliegen kommen? Auch diese Fragen können zurzeit noch nicht eindeutig beantwortet werden? (Vgl. [6].)
Und was ist mit den Meeresbewohnern, die an den hohen Natriumchlorid-Gehalt im Meer angepasst sind? Müssen Sie nach der Verdünnung ihres Lebensraums in salzhaltigere Bereiche des großen Ozeans migrieren? (Vgl. [7].)

32. *Und was ist mit dem Sauerstoffgehalt im Meer? – Eine dritte existenzielle Frage.*

Die Löslichkeit von Sauerstoff ist stark temperaturabhängig. Wie wird es Fischen oder Quallen gehen, wenn sich das Wasser zunehmend erwärmt? Haben sie dann noch genügend Sauerstoff zum Atmen? Sie werden wohl in kältere Gewässer migrieren, weiter nach Norden oder in größere Tiefen, sofern sie mit dem dann steigenden Wasserdruck zurechtkommen. Man beobachtet heute schon vermehrt Oktopusse und Feuerquallen in der Nordsee, weil es diesen Tieren in südlicheren Gewässern, wo sie eigentlich beheimatet sind, zu warm geworden ist. (Vgl. [7].)
Migration ist wirklich eine direkte Folge des Klimawandels (vgl. These 28).

33. *Sprudel ist nicht immer gut.*

Wasser ist ein gutes Lösungsmittel für Kohlenstoffdioxid. Sollte man sich darüber freuen, weil die Ozeane deshalb CO_2-Senken sind und den Treibhauseffekt in Schach halten? Nein. Denn CO_2 ist das Anhydrid der Kohlensäure und führt im Wasser zu deren Bildung – mit der Konsequenz einer Versauerung der Ozeane. Ein „Sprudelwasser-Ozean" – nun, der Ausdruck ist sicherlich übertrieben – ist für viele Meeresbewohner lebensbedrohlich, insbesondere für solche, die ein Außenskelett besitzen, das durch biomineralisiertes Calciumcarbonat verfestigt ist; denn wasserunlösliches Calciumcarbonat reagiert mit Kohlensäure zu *wasserlöslichem* Calciumhydrogencarbonat.

Traurige Berühmtheit hat dieser Effekt im Great Barrier Reef erlangt, weil er zu einem massiven Korallensterben beigetragen hat. Und mit den sterbenden Korallen geht nicht nur eine faszinierende Farbenpracht verloren, sondern eins der artenreichsten Ökosysteme auf unserem Planeten. Zeigen Sie Ihren Schülerinnen und Schülern, Studentinnen und Studenten bitte schockierende Fotos von der Korallenbleiche. Betroffenheit zu erzeugen kann ein Mittel sein, um die Forderung nach einer Null-CO_2-Emission (Klimaneutralität) zu verstärken.

34. *„Pandoras Eisschrank" muss geschlossen bleiben!*

Erzählen Sie Ihren Schülerinnen und Schülern, Studentinnen und Studenten bitte die Geschichte von der Büchse der Pandora. Diese enthielt alle Übel der Welt, und als die junge Frau sie öffnete, kamen Hunger, Elend und Krankheit über die Menschheit.

Bernhard Kegel [7] hat die griechische Mythologie umgedeutet: Der „Eisschrank der Pandora" ist Eis, wo Wassermoleküle über Wasserstoffbrückenbindungen in einem Kristallgitter mit ausgeprägten Hohlräumen angeordnet sind. In diesen Hohlräumen befindet sich Methan, das Endprodukt des anaeroben Katabolismus organischer Verbindungen. Dieses sogenannte Methanhydrat kommt in riesigen Mengen im arktischen Permafrostboden vor. Wenn dieser aufgrund der Erderwärmung auftaut, bricht die Struktur des festen Wassers zusammen – der Kühlschrank wird geöffnet – und das Gas tritt aus, fördert Brände der borrealen Wälder und – noch viel schlimmer – verstärkt den Treibhauseffekt, weil es ein fast dreißigmal effektiverer Absorber für Wärmestrahlung ist als Kohlenstoffdioxid.

Der Permafrostboden darf nicht auftauen!

35. *Wasser ist ein Lebensmittel.*

Wasser gibt es in riesigen Mengen auf der Erde, aber nur wenig Quellwasser ist sauber genug, um direkt getrunken werden zu können. Die Wassertechnologie ist allerdings so weit ausgereift, dass aus fast jedem Wasser Trinkwasser hergestellt werden kann.

Besprechen Sie mit Ihren Schülerinnen und Schülern, Studentinnen und Studenten bitte die Verfahrensschritte zur Trinkwassergewinnung: Desinfizierung mit Chlor oder Ozon, Beseitigung von Trübungen durch Flockung und Sedimentation, Entfernung organische Inhaltsstoffe durch Adsorption an Aktivkohle, pH-Wert-Korrektur, Sicherheitschlorung, Meerwasserentsalzung … Die jungen Menschen empfinden Respekt vor der Leistungsfähigkeit der Chemischen Technologie, erkennen aber auch, dass die Reinigungsmethoden umso aufwändiger und teurer werden, je kontaminierter das Ausgangswasser ist. Es leuchtet also ein, dass das natürliche Wasser nicht unnötig verunreinigt werden darf und dass wir mit jeder Wasserverschmutzung, die wir verursachen, nicht nur unsere Umwelt, sondern auch uns selbst schaden.

36. *Wasser ist ein Menschenrecht.*

Ist Trinkwasser nur erschwinglich für reiche Menschen? Es sieht fast so aus, wenn man die unter der 35. These beschriebenen kostenintensiven Reinigungsmethoden betrachtet. Da Wasser aber lebensnotwendig ist (vgl. These 13), muss es ein öffentliches Gut sein. Deshalb hat die Vollversammlung der Vereinten Nationen *Das Recht auf Zugang zu sauberem Wasser* am 28.6.2010 als ein Menschenrecht anerkannt.

Trotzdem gibt es noch immer einen dringenden Handlungsbedarf zur Umsetzung dieses Grundrechts, weil viele Menschen in den armen Länder nur mit großen Mühen an ausreichend sauberes Wasser gelangen und es ihnen auch an sanitären Einrichtungen fehlt, mit der Folge von Durchfall- und anderen Infektionskrankheiten.

Dass Wasser von großen Getränkeherstellern zum profitablen Handelsgut gemacht wird, ist falsch; die zunehmende Privatisierung der Wasserversorgung muss gestoppt werden! Sagen Sie das Ihren Schülerinnen und Schülern, Studentinnen und Studenten bitte so klar und deutlich. Denn sonst wird Wasser zum Konfliktrohstoff. Pessimisten sagen sogar schon, dass ein Dritter Weltkrieg – wenn es den geben sollte – uns Wasser gehen wird. (Vgl. [8].)

37. *Spült den Dreck nicht einfach weg!*

Ähnlich wie man Trinkwasser im Prinzip aus fast jedem Wasser gewinnen kann, kann ebenfalls fast jedes Abwasser gereinigt werden. Gehen Sie bitte mit Ihren Schülerinnen und Schülern, Studentinnen und Studenten die technischen Standardverfahren durch. Kommunales Abwasser, das hauptsächlich aus den Haushalten kommt, wird biologisch in einem Belebungsbecken (aerob) und Nachklärbecken (an-aerob) gereinigt, bevor es in ein natürliches Fließgewässer geleitet wird. Bei Industrieabwässern kommen Reinigungs-verfahren zum Zug, die auf die Wasserinhaltsstoffe maßge-schneidert sind, z.B. Adsorption organischer Schadstoff an Aktivkohle, Neutralisation von sauren bzw. alkalischen Ab-wässern, Sulfid-, Carbonat- oder Hydroxid-Fällung von Schwermetallionen, oxidative Entgiftung von Sulfid, Sulfit, Cyanid, Nitrit mit Wasserstoffperoxid sowie Verfahren zur weitergehenden Abwasserbehandlung, beispielsweise foto-chemisch mit UV-Licht und Wasserstoffperoxid oder Ozon …

Die Verfahren gibt es, sie funktionieren prima, werden aber in vielen Fällen aus Kostengründen nicht durchgeführt. Nicht selten verlagern Industriebetriebe gerade aus den reichen Ländern ihre Produktion in ärmere Länder, um dort giftige Abwässer ungeklärt in die Natur fließen zu lassen und auf Kosten der Natur und der Anwohner Geld zu sparen. Das ist Umweltkriminalität und Menschenverachtung zugleich! In einem Studentenwohnheim hing an der Tür einer ver-dreckten Toilette einmal ein Zettel mit folgender Aufschrift: „Welche gottverdammte Drecksau hält es nicht für nötig, seine Scheiße wegzuwischen!" Mit diesen drastischen Worten ist das Verursacherprinzip perfekt beschrieben: Jeder Produzent haftet für seine Produkte sowie die damit ver-bundenen Abfälle. Das Gebotene und eigentlich Selbstver-ständliche muss einfach nur getan werden, wird es aber leider viel so oft nicht.

38. *Der Ozean ist keine Müllkippe!*

Unterrichten Sie bitte, wie einfach Polyethylentherephthalat mit Natronlauge zu seinen Bausteinen Terephthalsäure und Ethylenglykol hydrolysiert werden und auf diese Weise effektives Kunststoffrecycling betrieben werden kann.
Es ist überhaupt nicht nötig, dass PET-Flaschen im Meer landen und eine langzeitige und sehr gefährliche Umweltbelastung darstellen. Das tun sie aber, weil die leeren Flaschen gedankenlos oder mit erheblicher krimineller Energie einfach weggeworfen werden und schlussendlich tatsächlich im Meer landen.
Nicht die Kunststoffe sind das Problem, sondern der sogenannte Homo sapiens!

39. *Die Gletscher müssen gerettet werden!*

„How many years will a mountain exsist, before it is washed to the sea?" Diese Zeile aus einem der bekanntesten Lieder von Bob Dylan sollten Sie im Unterricht chemisch betrachten: Es geht um Erosion durch Wasser und Eis. Wenn sich eine tonnenschwere Gletscherzunge ganz allmählich über das Felsgestein unter ihr schiebt, schmirgelt sie dieses ab. Die auf diese Art freigesetzten sehr kleinen Mineralien werden mit dem Schmelzwasser abtransportiert, überschwemmen im Flachland den Boden, düngen ihn mit den Mineralien und machen ihn fruchtbar. Dieser natürliche, gesunde Prozess hört auf, wenn die Gletscher wegen der Erderwärmung in wenige Jahren abgeschmolzen sind. Das darf nicht geschehen!

40. *Die elektrolytische Wasserzersetzung macht Sinn.*

Knallgas zu zünden, ist eines der eindrucksvollsten Experimente im Chemieunterricht. Die Schülerinnen und Schüler, Studentinnen und Studenten sind fasziniert davon, welche Energie frei wird, wenn Wasser aus seinen Elementen entsteht. Und es ist offensichtlich, dass die Verbrennung von Wasserstoff – natürlich nicht explosionsartig, sondern kontrolliert, z.B. in einer Brennstoffzelle oder einem Verbrennungsmotor – eine höchst attraktive Methode zur Energiebereitstellung ist und außerdem noch den riesigen

Vorteil hat, dass ein sehr umweltfreundliches „Abfall"-produkt entsteht, nämlich reines Wasser.

Zuvor muss der Wasserstoff allerdings erst einmal gewonnen werden, und zwar durch Elektrolyse von Wasser, wozu elektrischer Strom erforderlich ist. Und dieser Strom muss Solarstrom sein! (Vgl. These 41.) Nur so macht die Wasserzersetzung Sinn. Pauken Sie das bitte Ihren Schülerinnen und Schülern, Studentinnen und Studentinnen ein!

41. *Grauer Wasserstoff muss grün werden!*

Wasserstoff ist seit langem ein wichtiges Reduktionsmittel, das in großen Mengen industriell genutzt wird, z.B. für die Ammoniak-Synthese oder für Hydrierungen in der Organischen Chemie. Bislang wurde er hauptsächlich aus Kohle und Wasser (Kohlevergasung) oder Methan und Wasser (Steam-Reforming) bei ca. 1000 °C gewonnen. Nachteilig bei diesen Verfahren ist, dass (erst Kohlenstoffmonoxid und daraus dann) Kohlenstoffdioxid entsteht. Fazit: Die konventionelle H_2-Produktion fördert in hohem Maße den Treibhauseffekt. Der so erzeugte Wasserstoff wird deshalb auch abfällig als „grauer" Wasserstoff bezeichnet.

Umweltfreundlichen „grünen" Wasserstoff erhält man bei der Wasserelektrolyse mit „grünen" Strom, also keinem elektrischen Strom, der aus einem Atom- oder Verbrennungskraftwerk, sondern aus der Solarthermie oder Photovoltaik kommt.

3 Luft

42. *$P \cdot V = n \cdot R \cdot T$ = schwacher oder kräftiger Wind.*

Das ideale Gasgesetz ist die Grundlage der Meteorologie. Wieso? Das Produkt von Druck und Volumen wird als Volumenarbeit bezeichnet und beschreibt den Energiegehalt eines Gases bzw. einer Gasmischung wie der Luft. Wenn die Temperatur steigt, wird das Gas(gemisch) energiereicher – aus dem lauen Lüftchen wird dann ein heftiger Sturm.

Erzählen Sie das Ihren Schülerinnen und Schülern, Studentinnen und Studenten ruhig so, auch wenn den Hardlinern unter den Wissenschaftlern vor dieser Ausdrucksweise gewiss graut; aber so verstehen die jungen Mensch am besten, warum das Gasgesetz als Naturgesetz von immenser Bedeutung ist.

Und wenn man jetzt zusätzlich noch bedenkt, dass mit steigender Temperatur auch mehr Wasser verdunstet und die Luft folglich mehr Wasserdampf erhält, wird klar, warum heftige Stürme mit Starkregen unweigerlich zunehmen müssen. Mit den bekannten verheerenden Auswirkungen für die Menschen und die Natur – und für die Staatsfinanzen. Gerade die ärmeren Länder, die von Extremwetterereignissen am meisten betroffen sind, können die erforderlichen Reparaturen schon heute kaum noch finanzieren. (Vgl. [6].)

43. *Boltzmann war ein Wetterfrosch.*

Hätte es zu Ludwig Boltzmanns Zeit schon das Fernsehn gegeben, so hätte der Wissenschaftler im Anschluss an die Tagesschau die Wettervorhersage anhand seiner Geschwindigkeitsverteilungskurve für Gase bei verschiedenen Temperaturen machen können. Mit steigender Temperatur wird die Kurve bekanntermaßen flacher und breiter, die mittlere Geschwindigkeit der Gasteilchen nimmt zu, und es gibt dementsprechend auch mehr Moleküle, die sich sehr schnell bewegen. Populärwissenschaftlich ausgedrückt: der Wind weht kräftiger. Dem allgemeinen Bildungsauftrag des Fernsehns wäre Boltzmann vermutlich nachgekommen, indem er erläutert hätte, dass die Zunahme gefährlicher Extremwetterereignisse nur durch einen raschen Stopp weiterer CO_2-Emissionen abgewendet werden könne.

44. *Sauerstoff und Stickstoff – die Mischung macht's.*

Als im Laufe der Chemischen Evolution die Fotosynthese begann und dadurch mehr und mehr O_2 in die zuvor sauerstofffreie Atmosphäre gelangte, hätte das fast den Exitus des gerade erst aufkeimenden Lebens bedeutet. Denn dieses war bis zu dem Zeitpunkt phototrop und nicht aerob ausgerichtet, sodass das neue Atmosphärengas O_2 als aggressives Oxidationsmittel hochtoxisch war. Befürchten wir heute der Wärmetod durch zu viel Kohlenstoffdioxid in der Atmosphäre, so drohte damals der oxidative Tod durch Sauerstoff. Doch die Natur war schnell genug, um Bakterien zu erfinden, die ihre Lebensenergie durch Aufnahme von Sauerstoff und Verbrennung anderer Stoffe gewinnen. So entwickelten sich mit der Zeit Anaerober und Aerober zu einem guten Team (vgl. These 9).

Damit der Sauerstoff seine verbrennende Kraft nicht zu stark ausnutzt, liegt er in der Luft nur zu einem Volumenanteil von 21 % vor. 78 % der restlichen Luft bildet der unter Normalbedingungen reaktionsträge Stickstoff, der den Sauerstoff quasi verdünnt und dadurch dessen Aggressivität in Schach hält.

45. *Es ist ein Segen, es ist ein Fluch; Teil I: Ozon.*

Ozon, O_3, ist eine allotrope Modifikation des Sauerstoffs, die sich aus O_2 unter Einwirkung von UV-Licht, welches von der Sonne kommt, in etwa 30 km Höhe über der Erdoberfläche bildet und die wichtig Funktion hat, das Leben auf der Erde vor zu viel energiereicher Sonnenstrahlung zu schützen. Ozon ist quasi die Sonnencreme des Planeten Erde.

Fragen Sie Ihre Schülerinnen und Schüler, Studentinnen und Studenten bitte einmal, was passiert, wenn sie zu lange ohne Sonnencreme in der Sonne liegen? Nun, der Sinn der Sonnenschutzmaßnahme liegt auf der Hand. Deshalb war es auch so fatal, dass die Ozonschicht bis zum Ende der 1980er Jahre immer dünner wurde und sich über den Polen bereits große Löcher auftaten. Es drohte die fotochemische Zerstörung des Lebens auf der Erde durch kosmische Strahlung. Schuld daran war die Verbindung Dichlordifluormethan. Diese hatten kluge Chemiker als ideales Treibgas und Kühlmittel entwickelt, waren mit der Verbindung unter diesen anwendungstechnischen Aspekten auch sehr erfolgreich, aber an Technikfolgeabschätzung haperte es. Und so wie Daidalos das durch die Sonne verursachte Schmelzen des Wachsbinders in seinen Flügeln nicht bedacht hat (vgl. These 19), haben die CF_2Cl_2-Synthetiker nicht damit gerecht, dass das Sonnenlicht diese Verbindung knackt und die resultierenden Chloratome einen radikalischen Kettenmechanismus zur Ozonzerstörung initiieren.

Glücklicherweise gab es klügere Atmosphärenchemiker, die den Zusammenhang zwischen dem Treib- und Kühlmittel und der Ozonzerstörung erkannt, fachwissenschaftlich aufgeklärt und dafür zurecht den Nobelpreis bekommen haben.

Daraufhin wurde die weitere Verwendung von Dichlordifluormethan im Montreal-Protokoll verboten, das am 1.1.1989 in Kraft trat, sodass sich die Ozonschicht seit dieser Zeit auf natürliche Weise regeneriert.

Die Geschichte müssen Sie im Chemieunterricht unbedingt erzählen, denn sie lehrt, dass die Menschheit zwar chemischen Blödsinn gemacht hat, aber gerade noch einmal mit einem blauen Auge davongekommen ist, weil sie letztlich auf die Wissenschaft gehört hat. Das sollte sie jetzt auch wieder tun und dem Rat von Greta Thunberg folgend auf die Klimawissenschaftler hören.

Soviel zum „guten" Ozon. Es gibt aber auch das „schlechte" Ozon, das beim Autoverkehr entsteht, wenn nämlich ausgepufftes Stickstoffdioxid bei schönen Wetter, also unter Einwirkung von UV-Licht, eins seiner Sauerstoffatome auf den Disauerstoff überträgt. Dann befindet sich das Ozon nicht in 30 km Höhe, sondern in Bodennähe und kann von uns Menschen eingeatmet werden, was tunlichst zu vermeiden ist, denn Ozon ist als zweitstärkstes Oxidationsmittel (nach dem Fluor) ein gefährliches Atemgift. Die Umweltämter rufen in dem Fall Ozonalarm aus.

Das Problem mit diesem Fotosmog kann durch den Dreiwege-Autoabgaskatalysator (beim Benzin-Motor) bzw. der Add-Blue-Technik (beim Diesel-Motor) vermindert werden, wobei das im Motorblock entstandene Stickstoffoxid zu ungiftigem Distickstoff reduziert wird. Dieser Abgasreinigungstechnik muss nur allzeit funktionsfähig sein und darf nicht, um Geld zu sparen, abgeschaltet werden. Wer die Software, welche die Abgasreinigung steuert, hingegen so programmiert, dass sie im Normalbetrieb ausgeschaltet ist, ist ein schwerer Umweltverbrecher, muss aber nur mäßige Strafe zahlen und bekommt im Gegenzug hohe Subventionen, um in Zukunft Elektroautos zu bauen, die gar keine Abgase mehr verursachen. Das Auto ist nun mal des Deutschen liebstes Kind; da schauen Politik, Justiz und Wirtschaft eben nicht so genau hin, wenn etwas schiefläuft.

46. *Sie sind ein Segen, sie sind ein Fluch; Teil II: Stickstoffoxide.*

Bei Gewittern herrschen im Zentrum eines Blitzes so hohe Temperaturen, dass N_2 und O_2 atomisiert werden und sich die Atome neu zu Stickstoffmonooxid verbinden können. Beim

Abkühlen wird das farblose NO von Sauerstoff zum braunen Stickstoffdioxid, NO_2, weiteroxidiert, welches mit Luftfeuchtigkeit Salpetersäure, HNO_3, bildet, die irgendwann als salpetersaurer Regen auf die Erde fällt. Diese natürliche atmosphärische Chemie ist unvermeidbar und positiv zu beurteilen, denn so erfolgt eine fein verteilte Stickstoff-Düngung der Erde aus der Luft.

Problematisch sind hingegen Stickstoffoxide, die aus Industriebetrieben in die Luft gelangen, insbesondere aus Müllverbrennungsanlagen, weil sie dort in Erdnähe in recht hoher Konzentration vorliegen und gefährliche Atemgifte darstellen. Eine moderne Müllverbrennungsanlage verfügt aber über eine Entstickungsstufe, in der die Stickstoffoxide – ähnlich wie bei der Add-Blue-Autoabgasreinigung (s. These 45) – mit Harnstoff zu harmlosem Distickstoff reduziert werden.

Diese umweltfreundlichen Verbrennungsanlagen gibt es aber nur in den reichen Ländern. Anderswo, d.h. an den meisten Orten aus der Welt, werden die Abgase aus der Müllverbrennung hingegen einfach abgeblasen und führen zur sprichwörtlichen Luft„verpestung".

47. *Es ist ein Segen, es ist ein Fluch; Teil III: Schwefeldioxid.*

Wenn Meereslebewesen sterben, werden die in ihnen erhaltene schwefelhaltigen Biomoleküle zu Dimethylsulfid, $(CH_3)_2S$, metabolisiert. Diese schwefelorganische Verbindung ist gasförmig und gelangt in die Luft. Dort wird sie über die Zwischenstufe des Dimethylsulfoxids, $(CH_3)_2SO$, zu Schwefeldioxid und noch weiter zu Schwefeltrioxid oxidiert, woraus mit Luftfeuchtigkeit Schwefelsäure entsteht. Diese ist hygroskopisch und zieht weiteres Wasser an, sodass sich Schwefelsäure-Aerosole bilden, welche wiederum effektive Keime für die Wolkenbildung sind. Dieser ganze natürliche Prozess ist positiv, denn die Wolken wirken wie Sonnenschirme, spenden Schatten und schützen die Erdoberfläche vor einer Überhitzung.

Problematisch sind hingegen die großen Mengen an SO_2, die beim Rösten von Metallsulfiden im Vorfeld der Metallgewinnung sowie bei der Verbrennung von Braunkohle anfallen. (Braunkohle ist eine relativ junge Kohle, die noch einen hohen Schwefelanteil aufweist.) Sie führen zu schwefelsaurem Regen, der den pH-Wert von Gewässern und Böden senkt, ätzend wirkt und Gebäude und ganze Ökosysteme zerstören kann.

Grundsätzlich ist es kein Problem, die Abgase aus den Verbrennungsanlagen zu entschwefeln. Nach dem Stand der Technik werden die Schwefeloxide mit Wasser aus dem Abgas ausgewaschen und mit Kalkmilch, einer Calciumhydroxid-Suspension, zu harmlosem Gips neutralisiert, den man in der Bauindustrie sogar noch verwerten kann.

Man muss das nur tun; was in vielen Teilen der Erde aber aus Kostengründen nicht der Fall ist. Ein weiteres Beispiel dafür, wie verpasster Umweltschutz sich langfristig rächt.

48. *Sie sind ein Segen, sie sind ein Fluch; Teil IV: Stäube.*

Bei großen und heftigen Vulkanausbrüchen werden gewaltige Mengen feinteiliger mineralhaltiger Asche in die Luft geschleudert, manchmal bis zu 30 Kilometer hoch. Der Staub verteilt sich in den nächsten Monaten mit den Luftströmungen über weite Teile der Erde. Er trübt die Luft etwas und lässt folglich weniger Sonnenlicht durch. Nach großen Vulkanausbrüchen hat man durchaus schon eine mehrmonatige globale Erniedrigung der Atmosphärentemperatur um bis zu 1 °C beobachtet. Langfristig kommt der Staub natürlich mit dem Regen auf die Erde. Das ist positiv zu deuten, denn es ist eine Düngung mit wertvollen Mineralien. Auch Winderosion kann ähnlich positiv wirken. So wird beispielsweise feinteiliger Sahara-Sand mit dem Wind bis nach Amazonien transportiert und liefert dem an sich mineralarmen Regenwald die fehlenden anorganischen Nährstoffe.

Gefährlich ist hingegen der Feinstaub aus Autoabgasen. Bei der unvollständigen Verbrennung von Benzin bleibt feinteiliger Ruß übrig; des Weiteren disproportioniert das Verbrennungsprodukt Kohlenstoffmonoxid beim Abkühlen zu Kohlenstoffdioxid und nanoteiligem Kohlenstoff (Boudouard-Gleichgewicht). Das alles geschieht in Bodennähe, sodass die Menschen den Feinstaub einatmen und Atemwegs- und Lungenerkrankungen bis hin zu Krebs bekommen können.

Es gibt effektive Staubfilter, doch diese gute Technik nützt nichts, wenn sie nicht konsequent genutzt wird.

49. *Es ist ein Segen, es ist ein Fluch, Teil V; Kohlenstoffdioxid.*

Seit Beginn des Holozäns vor etwa 12.000 Jahre bis vor etwa 200 Jahren lag der CO_2-Gehalt der Luft bei etwas unter 300 ppm, was man als segensreich bezeichnen kann, denn diese Menge war genau richtig, um die mittlere Temperatur der Erdatmosphäre bei 14 °C weitgehend konstant zu halten. Dieser natürliche Treibhauseffekt hat auf der Erde ein Klima erzeugt, dass der Entwicklung der Menschheit sehr zugute kam. Die CO_2-Menge war auch ausreichend für alle Lebewesen, die Fotosynthese betreiben. In den Ozeanen war nicht zu viel Kohlenstoffdioxid gelöst, sodass das Wasser einen durchschnittlich ganz leicht alkalischen pH-Wert von 8,0-8,5 hatte, was für eine großen Vielfalt an Meereslebewesen günstig war.

Mit der Erfindung der Dampfmaschine und dem Beginn des industriellen Zeitalters stieg die CO_2-Konzentration in der Atmosphäre an, zunächst noch langsam, nach den Zweiten Weltkrieg aber fast exponentiell und beträgt heute 417 ppm, Tendenz weiterhin steigend. Das Gas ist inzwischen zum Fluch geworden: Die Atmosphäre erwärmt sich, die Ozeane versauern, die Menschheit hat das größte Massensterben in der Geschichte des Planeten Erde initiiert, eine Heißzeit droht … Es bleibt nicht mehr viel Zeit, um diesen Klimawandel zu stoppen und die industrielle CO_2-Freisetzung zu stoppen.

Das müssen Sie Ihren Schülerinnen und Schüler, Studentinnen und Studenten gar nicht mehr sagen. Es ist Allgemeinwissen. Es gilt, mit der kognitiven Verdrängung dieses Wissens Schluss zu machen bzw. nicht vor Angst gelähmt zu sein, sondern zu handeln. Die Ökologische Revolution muss endlich eingeleitet werden!

50. *Vergesst den anorganischer CO_2-Kreislauf nicht.*

Es gibt auch einen anorganischen CO_2-Kreislauf, den Sie im Chemieunterricht nicht vergessen sollten. Meereslebewesen haben im Laufe ihres Lebens, insbesondere zum Aufbau ihres Skeletts, Kohlenstoffdioxid aus der Luft über das Wasser aufgenommen und in Form von Calciumcarbonat gespeichert. Wenn sie sterben, sinken sie auf den Meeresboden. Dort wird das biomineralisierte Calciumcarbonat mit der Zeit immer mehr zusammengepresst und gelangt bei einer plattentektonischen Bewegung, bei der sich eine ozeanische Platte unter eine Festlandplatte schiebt (Subduktion), tief ins Erdinnere, wo Temperaturen zwischen 2000 und 3000 °C herrschen. Hier wird das Calciumcarbonat zu Calciumoxid und überkritischem Kohlenstoffdioxid pyrolysiert. Bei einem Vulkanausbruch gelangt das CO_2 dann wieder in die Atmosphäre.

Über diesen anorganischen CO_2-Kreislauf wird das gesamte Kohlenstoffdioxid der Atmosphäre im Laufe von ca. 500.000 Jahren einmal ausgetauscht. Wie kurz ist dazu im Vergleich ein Menschenleben und wie relativ unbedeutend sind wir Menschen in der Geschichte der Erde?

51. *Geoengineering ist ein riskantes Spiel.*

Kommen wir noch einmal auf die Schwefelsäure-Aerosole zurück (vgl. These 47). Skeptiker meinen, dass es illusorisch sein, die CO_2-Emission in der verbleibenden kurzen Zeit so rasch auf null zu reduzieren, dass eine Klimakatastrophe abgewendet wird. Sie schlagen deshalb als kurzfristig realisierbare und schnell wirkende Notmaßnahme vor, Schwefelsäure-Aerosole von Flugzeugen oder Ballons aus in der Atmosphäre zu versprühen, um Kondensationskeime für die Wolkenbildung zu liefern. Die Wolken spenden dann Schatten, und die Temperatur der Erdatmosphäre sinkt.

Das mag funktionieren; trotzdem sei ausdrücklich davor gewarnt. Denn es wird viel schwefelsaurer Regen fallen. Haben wir also nur die Alternative zwischen dem Hitzetod und dem Tod durch Verätzung? Dann doch lieber jetzt gleich damit beginnen, massiv CO_2 einzusparen!

4 Boden

52. *Boden ist ein Universum unter unseren Füßen.*

Ein Sprichwort sagt, der Mensch lebe nicht allein von Wasser, Luft und Sonne. Das stimmt, denn er muss auch noch – sprichwörtlich – auf sicherem Boden stehen, der ihm Nahrung und alles Weitere zum Leben liefert.

Ermuntern Sie Ihre Schülerinnen und Schüler, Studentinnen und Studenten bitte, sich den sehr philosophisch-poetisch geprägten Dokumentarfilm „Symphony of the Soil" von Deborah Koons-Garcia [9] anzuschauen und das Buch „Der Boden – Das Universums unter unseren Füßen" von Peter Laufmann [10] zu lesen.

Der Boden ist in der Tat eine Symphonie, ein Universum, das uns Menschen leider fremd geworden ist. Dabei gibt es, so P. Laufmann [10], „mehr Lebewesen unter einem Fuß, der auf einer Wiese steht, als es Menschen auf unserem Planeten gibt. Der Boden ist Lebensbasis – auch für uns Menschen –, weil er Abbau-, Ausgleichs- und Aufbaumedium für stoffliche Einwirkungen auf Grund der Filter-, Puffer- und Stoffumwandlungseigenschaften, insbesondere auch zum Schutz des Grundwassers, darstellt. Zudem ist er Kultur- und Rohstofflagerstätte, Ver- und Entsorgungsstätte (z.B. Friedhof). Genauso wie der Mensch keine Maschine ist, ist der Boden nicht nur Substanz. Boden lebt, er atmet, indem Gase ein- und ausströmen, er schwitzt, trinkt, hat Durst. So wie wir bietet er unzähligen Lebewesen eine Heimat. Boden lässt sich aber auch unter Druck setzen, durch Chemikalien vergiften, töten, wenn man so will. Ja, auf seine Weise lebt Boden." Es dauert ca. 10.000 Jahre, bis auf magmatischen Gestein, das vom Erdinneren ausgespien wurde und extrem reich an Mineralien ist, fruchtbare Erde entstanden ist und die ersten Pflanzen ihre Wurzeln schlagen. Ökologisches Denken bedeutet deshalb auch, in einer anderen Zeitdimension zu denken.

Vermitteln Sie Ihren Schülerinnen und Schülern, Studentinnen und Studenten bitte mit P. Laufmann, dass der „Boden ein Gesamtkunstwerk ist, das aus vielen Einzelteilen besteht, von denen wir längst nicht bei allen verstanden haben, wie sie ins Bild hineingehören" und dass dieses Gesamtkunstwert viel mehr wert ist als beispielsweise die Akropolis oder die Mona Lisa und deshalb unseres uneingeschränkten Schutzes bedarf.

53. *Im Boden begrabenes ehemaliges Leben verbrennt man nicht!*

Eine aufgedrehte Konsumgesellschaft stillt ihren unbändigen Hunger nach Energie durch das Verbrennen der unter den (Meeres)Boden relativ leicht zugänglichen und kostengünstigen fossilen Rohstoffen Kohle, Erdöl und Erdgas, die in Millionen Jahren aus ehemaligem Leben entstanden sind.

Dass das ein ökologischer Wahnsinn ist, belegen Sie Ihren Schülerinnen und Schülern, Studentinnen und Studenten bitte mit folgenden Zahlen, die der australische Biologe und Paläontologe Tim Flannery [11] ausgerechnet hat: „Aus 100 Tonnen einstigen pflanzlichen Lebens werden 4 Liter Benzin, und über 400 Jahre strahlenden Sonnenschein haben wir in einem Jahr verheizt."

Die USA fördern mittels Hydraulic Fracturing ihre enormen Vorräte an Schiefergas, das im Boden eingeschlossen ist, und Kanada wäscht Erdöl aus seinen Ölsandböden heraus, um energiewirtschaftlich und -politisch unabhängig vom Erdgas und Erdöl aus arabischen Ländern zu sein. Zeigen Sie zu diesem Thema Ihren Schülerinnen und Schülern, Studentinnen und Studenten bitte ein Video von „Leitungswasser in Flammen", in das sich Fracking-Methan verirrt hat, sowie Fotos von ölverschmierten Landschaften in Alberta, und schon herrscht die einhellige Meinung zu beiden Technik: Nein, Danke!

Die fossilen Rohstoffe Kohle, Erdöl und Erdgas sollten wir unter der Erde lassen. Hören wir auf die Weisheit des Aborigines Big Bill Neidjie, den Tim Flannery [11] zitiert und der sinngemäß gesagt hat, es sei pietätlos, ehemaliges Leben zu verbrennen; und außerdem könne man dadurch einen Wirbelsturm, einen heftigen Regen oder eine Sturmflut auslösen, an einem ganz anderen Ort. Eindringlicher kann man vor der Nutzung fossiler Verbrennungstechnologien wohl kaum warnen!

54. *„Weißes Erdöl" hat nicht immer eine weiße Weste.*

Nachdem das Erdöl unter dem (Meeres)Boden an die Erdoberfläche gepumpt worden ist, wird es raffiniert. Ca. 90 % der Erdölfraktionen werden direkt zur Energiegewinnung verbrannt, etwa 5 % zu „weißem Erdöl" veredelt; so nennt man gelegentlich die Kunststoffe, die auch in der Autoindustrie eine große Rolle spielen. Polymethylmethacrylat beispielsweise hat als Plexiglas das viel schwerere Silicatglas für Windschutzscheiben ersetzt. Stoßfänger, Radkappen und Trittkanten sind heute nicht mehr aus schwerem Stahl, sondern aus dem viel leichterem Polycarbonat oder Polypropen. Ein vergleichbar großes Auto ist heute also viel leichter als eins vor hundert Jahren und verbraucht deshalb bei gleicher

Fahrleistung deutlich weniger Sprit. Das wurde als umweltfreundlichere Automobilität explizit gepriesen.

Doch dahinter verbirgt sich ein Öko-Schwindel. Durch den Ersatz von Stahl durch Kunststoffe wurden die Autos billiger und fast für jedermann erschwinglich. Und dadurch, dass die Kunststoffe die Autos leichter gemacht haben, konnten größere gebaut werden. Unter dem Strich trägt die Automobilität heute sehr viel mehr zur Umweltverschmutzung und zur Erderwärmung bei als vor 100 Jahren. Man nennt es einen Rebound-Effekt, wenn eine aus ökologischer Sicht ursprünglich grundsätzlich positive technologische Neuentwicklung aber auf Grund eines vermehrten und/oder veränderten Einsatzes des neuen Produktes insgesamt zu einem ökologischen Nachteil führt.

Achtung: Rebound-Effekte gibt es sehr viele!

55. *Nachwachsende Kraftstoffe sind ein Öko-Schwindel.*

Wie sind sogenannte Nachwachsende Kraftstoffe zu beurteilen? Grundsätzlich ist es richtig, dass eine Palme bei ihrer Fotosynthese so viel Kohlenstoffdioxid bindet, wie bei der Verbrennung ihres Öls (nach Umesterung mit Methanol zu Fettsäuremethylestern) im Motor eines Autos wieder entsteht, also ein geschossener CO_2-Kreislauf resultiert. Doch wenn für Palmölplantagen tropischer Urwald, die wichtigste CO_2-Senke auf der Erde, gerodet und zudem Pflanzenschutzmittel eingesetzt werden, die das Artensterben beschleunigen, entpuppt sich das Konzept der Nachwachsenden Kraftstoffe als ökologischer Schwindel. Sagen Sie das bitte Ihren Schülerinnen und Schülern, Studentinnen und Studenten, damit sie darauf nicht reinfallen!

56. *Ein „Roh"stoff ist ein Boden„schatz".*

Kupferkies, Eisenoxid, Bauxit – das sind die Rohstoffe für die industrielle Kupfer-, Eisen-, bzw. Aluminium-Herstellung. Aus wirtschaftlichen Gründen werden ihre Lagerstätten meistens restlos ausgebeutet. Dabei werden riesige Gruben gegraben, wertlose Gangart auf Halden abgelagert, toxische Schlämme (hier der stark alkalische Rotschlamm aus der Aluminiumlaugung) in Rückhaltebecken gesammelt, die hoffentlich dicht sind.

Der Ausdruck „Ausbeuten" spricht Bände – der Mensch als Räuber, die Natur als Beute. Sollten wir die genannten Stoffe nicht lieber als Boden-„Schätze" und Geschenke der Natur betrachten, für die wir dankbar sein und die wir wertschätzen sollten, und zwar gerade, weil sie nur in begrenzten Mengen vorhanden sind?

Vorsicht auch bei einigen Erzen, insbesondere der Übergangsmetalle Kobalt und Tantal, die für Batterie-Elektroden und Kondensatoren in der Mikroelektronik unverzichtbar sind. Die Minen in Afrika sind oft unter der Kontrolle korrupter Machthaber, die sogar Kinder für sich arbeiten lassen. Die Erze werden deshalb passend als Konflikt-Rohstoffe bezeichnet.

57. *Eine umweltfreundlichere Produktion muss her!*
Teil I: Eisen.

Klassisch wird Eisen im Hochofen hergestellt. Dieser wird mit Kohle befeuert, und die Reduktion des Eisenoxids erfolgt carbothermisch, also mit Kohlenstoff bzw. Kohlenstoffmonoxid als Reduktionsmittel. Als Nebenprodukt des Eisens fällt das Treibhausgas Kohlenstoffdioxid an.

Hier kann und muss der Prozess umgestellt werden. Die Reduktion des Eisenoxids muss mit grünem Wasserstoff (vgl. These 41) erfolgen. Dann fällt als Abgas lediglich Wasserdampf an.

58. *Eine umweltfreundlichere Produktion muss her!*
Teil II: Zement.

Im Vorfeld der Zementherstellung wird Calciumcarbonat (Kalkstein) zu Calciumoxid und Kohlenstoffdioxid pyrolysiert. Dazu ist eine Temperatur von knapp 1000 °C erforderlich. Wenn die Kalkbrennöfen nicht mehr mit Erdgas, sondern mit grünem Wasserstoff als Brenngas befeuert werden, ist ein weiterer großer Beitrag zu Decarbonisierung der Industrie gelungen.

59. *Eine umweltfreundlichere Produktion muss her!*
Teil III: Aluminium.

Aluminium ist das wichtigste Leichtmetall. Es wird durch Schmelzflusselektrolyse aus Aluminiumoxid, das in einer

Kryolith-Schmelze (Na$_3$AlF$_6$) gelöst ist, gewonnen. Die dafür erforderliche elektrische Energie muss aus der Photovoltaik oder Solarthermie und nicht aus Kohlekraftwerken kommen; dann ist ein weiterer industrieller Großprozess ökologisch optimiert.

Ganz allgemein gilt, dass Optimierungen industrieller Prozesse einen nicht unerheblichen Beitrag zum Umweltschutz leisten.

5   Energie

60.   *„Alles fließt.“*

Man kann nicht zweimal in denselben Fluss steigen, hat Heraklit gesagt und damit zum Ausdruck gebracht, dass sich alles auf der Welt in einem ständigen Wandel befindet. Das Wasser ist mal im Fluss, mal im Ozean, mal als Dampf in der Luft, gefriert zu Eis, fällt als Schnee, wird chemisch zersetzt und neu gebildet … Ähnlich ist es mit der Energie. Der erste Hauptsatz der Thermodynamik besagt, dass Energie nicht verloren geht und nicht erzeugt werden kann, sondern sich lediglich ständig von einer Form in eine andere umwandelt: Sonnenlicht wird in einer Solarzelle zu elektrischem Strom, dieser treibt einen Motor an und wird zur Bewegungsenergie; bei einer exothermen Reaktion wird chemische Energie in Wärme umgewandelt, Glühwürmchen geben einen Teil ihrer biochemischen Energie als Licht ab usw.

Das einzig Konstante ist der Wandel. The times they are a-changin'. Wir Menschen spielen in der Geschichte der Natur nur eine winzige Rolle; die Natur kommt ohne uns aus; das Leben aber bleibt – in anderer Form. Die meisten Menschen sehen das aber nicht so locker und möchten primär als Menschen weiterleben, so wie sie es gewohnt sind. Diesen verständlichen Wunsch können wir aber nur erfüllen, wenn wir den von uns verursachten Klimawandel und die Ausbeutung unserer Umwelt stoppen.

61. *Das Chaos wird immer größer.*

Das *Entropiegesetz* besagt (vereinfacht ausgedrückt), dass sich chemische Prozesse freiwillig in Richtung einer größeren Unordnung hinbewegen.

Nun, Leben basiert auf Selbstorganisation, und lebende System sind hochgradig geordnet. Um Ordnungszustände zu erreichen, ist Energie erforderlich. Pflanzen erhalten ihre Lebensenergie von der Sonne (Fotosynthese), aerobes Leben geschieht nach dem Prinzip „Fressen und gefressen werden". Übertragen auf die menschliche Kultur besagt das Entropiegesetz, dass Wohlstand innerhalb einer Stadtmauer eine Mülldeponie außerhalb davon erfordert [12]. In der Tat, der Wohlstand der reichen Nationen basiert in erheblichem Maß auf Kolonialismus und Sklavenarbeit sowie dem anderswo verursachten sozialen Chaos und menschlichem Leid und hinterlässt Umweltzerstörung, Abgase und Müll – Tendenz zunehmend.

Frieden zu stiften ist viel schwieriger als Krieg zu führen.

62. *Atomkraft – nein danke!*

So wissenschaftlich faszinierend die Atomspaltung und die Umwandlung von Masse in Energie auch ist – in Atomkraftwerken entstehen radioaktive Abfälle, deren Endlagerung nicht gesichert ist – fehlende Technikfolgeabschätzung! –, sodass der Einstieg in die Atomenergie gar nicht hätte erfolgen dürfen.

Nun, die Geister die man rief, wird man so schnell nicht los. Braucht man die Atomkraftwerke vielleicht sogar noch eine Zeit lang, als Übergangslösung, wenn man die Verbrennungskraftwerke aus Klimaschutzgründen unverzüglich abschalten muss und regenerative Energien noch nicht in ausreichendem Maße zur Verfügung stehen? Lassen Sie sich mit dieser Frage bitte mit Ihren Schülerinnen und Schülern, Studentinnen und Studenten auf eine kontroverse Diskussion ein.

63. *Radioaktivität kann auch nützlich sein.*

Klimaforscher verdanken ihre Erkenntnisse über die erdgeschichtliche Veränderung der CO_2-Konzentration in der Atmosphäre in erster Linie den Untersuchungen von Eisbohrkernen nach der Radiocarbonmethode. Im atmosphärischen Kohlenstoffdioxid liegen die Isotope C-14 und C-12 in einem konstanten Verhältnis vor, weil das Isotop C-14 in gleichem Maße gebildet wird und zerfällt. Wenn das Gas im Eis eingefroren wird, nimmt der ^{14}C-Gehalt mit einer Halbwertszeit von 5730 Jahren ab. Aus dem gemessenen ^{14}C/^{12}C-Verhältnis kann man zurückrechnen, wann das Kohlenstoffdioxid eingefroren wurde und wie hoch seine Konzentration zu der damaligen Zeit war.

Es ist nicht übertrieben zu sagen, dass die Radiocarbonmethode in der Klimaforschung – und damit im Vorfeld des Klimaschutzes – die wichtigste physikalisch-chemische Analysenmethode ist.

64. *Wasser hat Kraft.*

Die Mühle am Gebirgsbach ist eine uralte Form zur Nutzung der Energie von fließendem Wasser. Heute treiben Wasserströmungen am Fuße von Talsperren oder im Takt der Gezeiten eher Turbinen an, die elektrischen Strom erzeugen. Das ist sehr sinnvoll, zumal die Natur das fließende Wasser zum Nulltarif liefert.

Talsperrenprojekte führen trotzdem immer wieder zu Streit. Der Vorteil der Bauwerke ist zwar einleuchtend: Das Wasser stürzt viele Meter in die Tiefe und ist daher sehr energiereich; außerdem kann der Wasserfluss je nach aktuellem Strombedarf bestens gesteuert werden. Zu bedenken ist beim Bau eines Staudamms allerdings, dass das den Stausee füllende Wasser das Ökosystem drastisch verändert. Ganze Landschaften und Dörfer verschwinden unter dem Wasser. Fische, die üblicherweise im oberen Flusslauf laichen, gelangen dort nicht mehr hin, weil sie die Staumauer nicht überwinden können, und sterben schlimmstenfalls aus. Sediment, welches das Wasser aus dem Hochland abwärts treibt, bleibt im Stausee vor der Staumauer hängen, sodass im unteren Flusslauf die natürliche Düngung mit Mineralien ausbleibt. Schließlich verleiht ein Staudamm politische und wirtschaftliche Macht, wie man aktuell in Ostafrika sieht. Hier baut Äthiopien einen gigantischen Staudamm für den Nil – und kann in Zukunft entscheiden, wann und wieviel Wasser das stromabwärts liegende Ägypten bekommt. Wasser kann auf diese Weise rasch zu einem Konfliktrohstoff werden.

65. *Wind hat auch Kraft.*

Auch die Windmühle ist eine uralte Form zur Nutzung kostenloser Naturenergie. Die traditionellen Windmühlen in Holland haben geradezu einen Kultstatus erreicht.

Der erste namhafte Gegner der Windenergie war Don Quichote, der in den Windmühlen böswillige Monster sah und gegen sie in den Kampf zog. Cervantes Romanheld hat Nachfolger, die gegen moderne Windkrafträder durchaus berechtigte Argumente vorbringen. Dass Windräder die Ästhetik der Landschaft zerstören, ist ein anthropozentrisch-egoistisches. Gewichtiger ist das Argument, dass durch die sich drehenden Windräder Insekten und Vögel geschreddert werden und Artenvielfalt verloren geht. Gegen Off-Shore-Windanlagen wird vorgebracht, dass ihre Geräusche das Echolotsystem von Meeresbewohnern, insbesondere von Walen, stören, die dadurch ihre Orientierung verlieren. Schließlich wird der Konfliktrohstoff Neodym thematisiert, der für die Hochleistungsmagneten in den Generatoren benötigt wird (vgl. These 25).

Führen Sie bitte mit Ihren Schülerinnen und Schülern, Studentinnen und Studenten einen kontroversen Dialog über die Vor- und Nachteile der Windenergie. Vermutlich wird er so ausgehen, dass die Windenergie nach wie vor einen großen Stellenwert unter den regenerativen Energien haben muss, dass ihr positives Image aber ein bisschen angekratzt ist.

66. *Unser Stern schickt keine Rechnung.*

Um die Menschheit in Zukunft mit ausreichend Energie zu versorgen, sollte nach dem Vorbild der Natur in erster Linie die Sonnenstrahlung genutzt werden. „Die Sonne schickt uns keine Rechnung!" sagt Franz Alt [13]. Warum also nicht in den Wüsten der Erde, wo viel Platz ist, keine Landwirtschaft betrieben werden kann und tagsüber fast immer die Sonne scheint, Parabolspiegel aufstellen, die das Sonnenlicht auf einen Reaktor bündeln, in dem Wasser gekocht wird, um dann mit dem Wasserdampf eine Turbine anzutreiben und elektrischen Strom zu erzeugen (Solarthermie). Oder/und Solarzellen installieren, die das fotohalbleitende Silizium zur

Umwandlung von Sonnenlicht in elektrischen Strom nutzen (Photovoltaik).

Den Strom muss man dann allerdings noch beispielsweise aus der Sahara nach Europa transportieren. Das sollte mit moderner Hochspannungs-Gleichstrom-Übertragung (600.000 Volt Gleichspannung!) gelingen [14].

67. *Photovoltaik mit anschließender Wasserelektrolyse ist das technische Pendant zur Lichtphase der Fotosynthese.*

Der elektrische Strom, der durch Solarthermie oder Photovoltaik erzeugt wird, kann auch zur Elektrolyse von Wasser verwendet werden. Dann entsteht (neben Sauerstoff) Wasserstoff. Man gibt ihm das Attribut „grün", weil er anders als der „graue" Wasserstoff, der durch Kohlevergasung oder Steam-Reforming unter Verwendung von Kohle bzw. Erdgas und Freisetzung von Kohlenstoffdioxid erzeugt wird, keine fossilen Rohstoffe für seine Synthese benötigt (vgl. These 41). In der Lichtphase der Fotosynthese wird die Sonnenenergie genutzt, um Wasser in seine Elemente zu zerlegen; der gebildete Sauerstoff wird in die Atmosphäre abgegeben, der Wasserstoff auf einem biochemischen Träger als $NADPH/H^+$ gespeichert. Die Fotosynthese ist die vielleicht genialste Erfindung der Natur. Es kann als nur gut sein, wenn wir sie mit der Kombination von Photovoltaik und Wasserelektrolyse technisch nachahmen.

6 Unser tägliches Brot

68. *Die Stickstoffdünger-Revolution frisst ihre Kinder.*

Die Kombination von Haber-Bosch- und Ostwald-Verfahren war eine Sensation, ein Meilenstein in der Chemiegeschichte. Denn erstmals konnte Stickstoff aus der Luft fixiert und über die Zwischenstufe des Ammoniaks in Nitrat umgewandelt werden. Endlich stand der Dünger in großen Mengen zur Verfügung, der zur Ernährung der schnell wachsenden Weltbevölkerung dringend gebraucht wurde. Eine Erfolgsgeschichte, in der Tat.

Doch – Paracelsus lässt grüßen (vgl. These 17) – heute, rund 100 Jahre später, wird der Ackerboden nach dem Motto „Viel hilft viel" oftmals mit dem Kunstdünger überdüngt, wovor schon Justus von Liebig in seiner Agrikulturchemie gewarnt hatte. Die Folgen sind gesundheitsschädliche Nitratrückstände in den angebauten Nutzpflanzen, Vergiftung der Bodenlebewesen und Auswaschungen des Nitrats ins Grundwasser, sodass die Trinkwassergewinnung technisch zunehmend anspruchsvoller und teurer wird oder die Nitratbelastungen in Kauf genommen werden müssen.

Ein besonders dramatisches Beispiel für eine Umweltkatastrophe durch Überdüngung sind die großen Monokulturen in den USA. Dort wird der überschüssige Kunstdünger vom Mississippi in den Golf von Mexiko getragen, wo es mittlerweile eine riesige *Totzone* gibt: Im dortigen Wasser ist es wegen des Überangebots an Nährstoffen zur Eutrophierung gekommen; nun gibt es dort kein Leben mehr, alles ist tot.

69. *Ammoniak war (ist) eine Waffe.*

Sie sollten es auf keinen Fall versäumen, Ihren Schülerinnen und Schülern, Studentinnen und Studenten den genialen Chemiker Fritz Haber auch von der anderen Seite seiner Persönlichkeit vorzustellen, nämlicher der als fürchterlicher Kriegstreiber. Das aus Ammoniak und Salpetersäure zugängliche Ammoniumnitrat kann nämlich auch als Schießpulver und Sprengstoff verwendet werden. Historiker sind sich darüber einig, dass der Erste Weltkrieg zwei Jahre früher beendet worden wäre, weil Deutschland das Schießpulver ausgegangen wäre, wenn Haber nicht massiv auf dessen großtechnische Produktion zum Sieg seines geliebten Deutschen Vaterlandes hingearbeitet hätte.

Am Beispiel der Ammoniak-Geschichte lässt sich die Ambivalenz der Chemie besonders deutlich zeigen. Chemische Verbindungen können ein Segen oder ein Fluch sein, hier als lebenswichtiger Pflanzennährstoff bzw. als todbringender Sprengstoff. Aber es ist nicht das Ammoniumnitrat, das gut oder böse ist, sondern es sind die Menschen, die es zum einen oder anderen Zweck gebrauchen bzw. missbrauchen!

Erzählen Sie die Geschichte Ihren Schülerinnen und Schülern, Studentinnen und Studenten bitte noch weiter, wie Haber nämlich den Einsatz von Kampfgasen, zunächst Chlor, propagiert, ausprobiert und schließlich auf den Schlachtfeldern im Westen Europas erprobt hat. Zitieren Sie ergänzend bitte Friedrich Schiller aus seinem Lied von der Glocke die Verse 373-376:

„Gefährlich ist's, den Leu zu wecken, Verderblich ist des Tigers Zahn. Jedoch der schrecklichste der Schrecken, Das ist der Mensch in seinem Wahn."

Wen wundert es da noch, wie die Menschheit mit der Natur umgeht?

70. *Phosphat muss aus der Scheiße kommen.*

Pflanzen brauchen als Nährstoff auch Phosphat. Die Rohstoffquelle dafür ist Apatit, Calciumphosphat, der zum eigentlichen Wirkstoff Calciumdihydrogenphosphat aufgeschlossen wird. Das Problem ist, dass diese Quelle bald versiegen wird, vielleicht schon in 10, aber spätestens in 50 Jahren, so die Meinung der Agrarwissenschaftler. Da Phosphat essentiell ist, kann es bei Knappheit schnell zum Konfliktrohstoff werden. Deshalb sind andere Phosphatquellen zu erschließen, vor allem Kot, auch menschlicher.
In diesem Zusammenhang ist die Wiederentdeckung der Terra Preta [15] interessant, eines schwarzen Bodens aus dem Amazonasgebiet, den die indianische Urbevölkerung aus Pflanzenkohle, menschlichen Fäkalien, Kompost, Knochen und Fischgräten erzeugt hat. Mittlerweile wird er biotechnologisch nachgestellt und herkömmlichen Böden zugemischt, um deren Fruchtbarkeit zu steigern. Ein zentraler Bestandteil von Terra Preta ist eine durch Pyrolyse von Holz und Pflanzenresten erzeugte Kohle. Diese ist mit Aktivkohle vergleichbar, da sie viele Hohlräume enthält, in denen Mineralien und Wasser gebunden werden und Bodenorganismen Schutz finden. Außerdem unterstützt die Kohle die durch Milchsäurebakterien verursachte Fermentierung von vegetabilen Haushaltsabfällen und Kot, der besonders phosphatreich ist. Letzterer stinkt bei der Verarbeitung nicht, weil Geruchsstoffe von der Kohle adsorbiert werden, und fault nicht, sodass sich auch keine pathogenen Keime ansiedeln.
Man kann von indigenen Völkern viel lernen. Sie kennen die Natur besser als wir. Nutzen wir ihr Wissen!

71. *Die Rinder rächen sich; Teil I: Gülle.*

Der Philosoph Peter Singer hat drei Grundübel der Menschheit benannt: Rassismus, Sexismus, Speziesismus [16]. Mit letzterem meint er, dass viele Menschen sich anderen Lebewesen gegenüber als höherwertig empfinden und sie deshalb schamlos ausnutzen. Das wird am deutlichsten in der landwirtschaftlichen Massentierhaltung.
Was haben Kühe für ein Leben, eingepfercht in enge Ställe, gemästet mit Kraftfutter, vor Krankheiten prophylaktisch mit Antibiotika geschützt und in Reih und Glied an die Melkmaschine angeschlossen? Bernhard Kegel bemerkt dazu zynisch, dass es die größte Dichte an Huftieren nicht etwa in der großartigen Serengeti gäbe, sondern im niedersächsischen Vechta [7].
Doch die intelligenten Tiere rächen sich. Nicht, in dem sie einen Ausbruchversuch starten, sondern indem sie eine gefährliche Emission tätigen: Gülle, und zwar in riesigen Mengen. Die Landwirte fragen sich, wohin damit. Aus Hilflosigkeit versprühen sie sie auf ihren Feldern. Eine fatale Überdüngung. Die Wirkstoffe landen als Rückstände in den Feldfrüchten und dann auf unseren Tellern oder in unserem Trinkwasser. So strafen die Tiere die Menschen für den brutalen Umgang mit ihnen und bringen sie durch chronische Erkrankung letztlich um.

72. *Die Rinder rächen sich; Teil II: Methan.*

Die Verdauung erfolgt bei Rindern anders als z.B. bei uns Menschen, und zwar nicht nur aerob, sondern auch durch Vergärung. Deshalb entsteht als Endprodukt ihres Stoffwechsels nicht nur Kohlenstoffdioxid, sondern auch Methan. Damit haben die klugen, in der großindustriellen Fleischproduktion malträtierten Tiere eine zweite Möglichkeit, sich an ihren Haltern und Konsumenten zu rächen, indem sie ein sehr effizientes Treibhausgas ausfurzen und ausrülpsen, mit dem sie die Menschheit in den Hitzetod schicken können.

73. *Die Dreifelderwirtschaft war (ist) gut.*

Eine geniale Erfindung im Ackerbau war die Dreifelderwirtschaft [10]. Unsere Vorfahren hatten nämlich bereits erkannt, dass die heranwachsenden Kulturpflanzen dem Boden

ständig Mineralien entziehen, die nachgeliefert werden müssen. Deshalb blieb ein Drittel des Bodens im Rotationssystem immer unbebaut; auf der Brache wuchsen lediglich liegengebliebenes Getreide und Wildkräuter. Ein anderer Teil des Bodens wurde mit Wintergetreide und ein weiterer mit Sommergetreide bestellt. Zwischendurch wurden auch Leguminosen (Klee, Lupinien) angepflanzt, die mit Knöllchenbakterien in einer Symbiose leben. Diese Bakterien können nämlich Stickstoff aus der Luft fixieren, zu Ammonium reduzieren und bioverfügbar machen. Auf der allenfalls als Weide genutzten Brache konnte sich der Boden erholen, und mit dem Kot der Tiere kamen frische Nährstoffe ins Spiel.
Heute besinnen sich Bio-Bauern auf diese altbewährten Prinzipien zurück. Und das ist gut so.

74. *Der Frühling wird stumm.*

Außer Nahrung brauchen Pflanzen auch Schutz. Nach den Zweiten Weltkrieg kann die erste Generation von chemischen Pflanzenschutzmitteln zum Einsatz. Es waren halogenorganische Verbindungen; die prominenteste darunter war Dichlordiphenyltrichloethan (DDT). Damit gelang die weitgehende Ausrottung der Anopheles-Mücke, die den Malaria-Parasiten überträgt. Millionen Menschen wurde dadurch das Leben gerettet. Eine riesige Erfolgsgeschichte. Zunächst. Doch nach einiger Zeit zeichnete sich ab, dass die Mücken resistent gegen DDT geworden waren, sodass die Malaria zurückkehrte und kaum noch bekämpft werden konnte. Außerdem hatte sich DDT wegen seiner Persistenz über die Nahrungskette verteilt und war zu einem schleichenden globalen Umweltgift geworden.
Die amerikanische Biologie Rachel Carson machte diese ökologischen Probleme 1962 mit ihrem Buch „Der stumme Frühling" [17] weltweit publik. Das Zukunftsmärchen, mit dem Carson ihr Werk einleitet, sollten Sie mit Ihren Schülerinnen und Schülern, Studentinnen und Studenten lesen. Ein weißer Schnee auf den Feldern hatte die Insekten vernichtet, die Pflanzen waren krank, einige Menschen, die mit dem weißen Pulver in Kontakt gekommen waren, starben, und alle Vögel waren tot. Den früher so lebendigen

Vogelgesang gab es nicht mehr; der Frühling war stumm. Carsons Fazit: Das hatten die Menschen selbst getan.

Rachel Carson wurde von der Chemischen Industrie, die mit DDT großen Profit machte, massiv angegriffen. Unterstützung fand sie allerdings durch den damaligen US-Präsidenten John F. Kennedy – ein Politiker, der auf die Wissenschaft hörte. Trotzdem dauerte es noch fast zehn Jahre, bis der weitere Einsatz von DDT und ähnlichen Pflanzenschutzmitteln, die man als das „dreckige Dutzend" zusammenfasste, verboten wurde.

Schluss damit, in der Landwirtschaft Gifte einzusetzen!

75. *Neues Nikotin ist auch nicht gut.*

Doch irgendwie hat die Menschheit aus der DDT-Geschichte nicht wirklich gelernt. Heute sind es die Neonikotinoide, die eine abgeschwächte Giftigkeit im Vergleich zum Nikotin aufweisen und die mit einen massiven Insekten-, speziell Bienensterben in Zusammenhang gebracht werden. Vermutlich ist es aber eine Kombination von Schwächung des Immunsystems der Insekten durch das Gift und einen gleichzeitigen Befall mit der Varoa-Milbe, die so verheerend wirkt. When will they ever learn? … Man kann diese Frage aus dem bekannten Antikriegslied von Pete Seeger auch auf den Krieg mit chemischen Waffen beziehen, den Menschen mit Insektiziden gegen Insekten, mit Fungiziden gegen Pilze und mit Herbiziden gegen Unkräuter führen. Von Fritz Haber zum Giftkrieg in der Landwirtschaft zieht sich ein roter Faden.

76. *Es gibt besseres in der Gen-Landwirtschaft als Round Up.*

Round Up – der Markenname spricht für sich: Die phosphororganische Verbindung Glyphosat verspritzen und kurze Zeit später sind rundum alle Pflanzen abgeräumt, tot! Der ultimative Killer in der Landwirtschaft. Überleben können nur solche Nutzpflanzen, die gentechnisch so verändert sind, dass ihnen ein gegen Glyphosat resistentes Gen implantiert wurde. Die Kombination von Gift und Gentechnik ist für deren Image gewiss nicht von Vorteil. Dabei kann der Einsatz von Gentechnik in der Landwirtschaft durchaus sehr positiv sein. Ein Beispiel dafür ist Golden-Rice. Reis ist das Hauptnahrungsmittel in Asien. In den sehr armen Länder können sich viele Menschen aber nur dieses preisgünstige Lebensmittel leisten. Die einseitige Ernährung führt oft zu Mangelerscheinungen. Insbesondere wurde ein deutlicher Vitamin A-Mangel diagnostiziert. Hier hat die Gentechnik zum Wohle der armen Menschen Abhilfe geschaffen. Und zwar wurde in das Genom der Reispflanze ein Gen implantiert, das nach seiner Expression die Biosynthese von β-Carotin ermöglicht. Der Karottenfarbstoff, aus dem durch oxidative Spaltung das Vitamin A hervorgeht, verleiht dem veränderten Reis seine charakteristische Farbe. Er ist im positiven Sinne sprichwörtlich vergoldet.

77. *Den Apfel aus Neuseeland brauchen wir in Deutschland nicht.*

Wir haben uns daran gewöhnt, jederzeit jedes Nahrungsmittel kaufen zu können. Beispielsweise einen Apfel. Äpfel werden in Deutschland im Herbst geerntet. Wenn Sie aber erst im folgenden Frühjahr auf den Markt kommen sollen, müssen sie zwischenzeitlich kühl gelagert werden. Zum Betreiben des Kühlhauses ist Energie erforderlich. Alternativ können Äpfel in Neuseeland frisch geerntet und nach Deutschland transportiert werden. Für den Transport ist ebenfalls Energie erforderlich. Welcher Apfel hat den kleineren ökologischen Fußabdruck und sollte deshalb von uns gekauft werden?
In der Ökobilanz schneidet der aus Neuseeland importierte Apfel etwas besser ab. Wir sollten aber *keinen* der beiden Äpfel kaufen. Lebensmittel sollten vielmehr regional und saisonal konsumiert werden. Also kommen für uns nur Äpfel aus der Nähe und im Herbst in Frage. (Wer zu einer anderen Jahreszeit Äpfel essen möchte, kann die im Herbst geernteten und überschüssigen einkochen und auf diese Art konservieren.)

78. *Lebensmitteladditive kann man vom Speiseplan weitgehend subtrahieren.*

Farb- und Aromastoffe sind wie die meisten sonstigen Nahrungsmitteladditive völlig überflüssig. Als Konservierungsmittel ist Vitamin C, ein wirkungsvolles Antioxidanz (= Reduktionsmittel) hingegen oftmals sinnvoll.

Dazu eine nette Anekdote (oder Legende?). Auf einer Lebensmittelverpackung stand einmal: „Dieses Produkt ist konserviert mit L-Ascorbinsäure." Da chemische Konservierungsmittel gerade öffentlichkeitswirksam verteufelt worden waren, kaufte niemand mehr das mit Ascorbinsäure konservierte Produkt. Daraufhin ändert der Produzent nicht das Produkt, sondern die Aufschrift auf der Verpackung: „Dieses Produkt ist angereichert mit Vitamin C." Und schon wurde das Produkt zum Verkaufsschlager.

Wenn Ihre Schülerinnen und Schüler, Studentinnen und Studenten jetzt herzlich lachen, haben sie Ahnung von Chemie. Wenn nicht, müssen Sie noch etwas Nachhilfeunterricht erteilen.

79. *Nahrungsergänzungsmittel machen ihre Produzenten reicher, aber kaum die Nahrung.*

Wer sich gesundheitsbewusst und variationsreich ernährt, braucht keine zusätzlichen Vitamin- oder Mineralien-Präparate. Jeder Mensch sollte allerdings einmal im Jahr routinemäßig einen Gesundheitscheck inklusive Blut- und Harnuntersuchen durchführen lassen. Dabei werden in der Regel (sich anbahnende) Mangelerkrankungen erkannt. Bei Schilddrüsenunterfunktion wird dann ein Iod-Präparat, bei Blutarmut ein Eisen-Präparat, bei Knochenschwäche ein Calcium-Präparat, in der Schwangerschaft häufig ein Folsäure-Präparat etc. von ärztlicher Seite verschrieben. Das ist dann sehr gut so. Aber bitte keine Selbstmedikation mit Präparaten aus dem Regal im Supermarkt!

7 Zwischen Arznei und Innenweltverschmutzung

80. *Viele Arzneimittel töten – im positiven und im negativen Sinn.*

Mit radioaktiven Präparaten werden wuchernde Krebszellen getötet, mit Antibiotika gefährliche Bakterien … Unter ärztlicher Kontrolle eingenommen, sind Arzneimittel ein wahrer Segen.

Was ist aber davon zu halten, wenn in der Massentierhaltung Antibiotika unter das Futter für gesunde Tiere gemischt werden? Es wird so argumentiert, dass eine bakterielle Infektion eines Tieres schnell auf die anderen Tiere, mit denen es auf engstem Raum zusammengepfercht ist, überspringen kann, dass die Erkrankung des ganzen Tierbestandes dann eine finanzielle Katastrophe wäre und dass daher eine prophylaktische Verabreichung von Antibiotika sinnvoll, ja geradezu unverzichtbar sei.

Nun, die regelmäßige Einnahme dieser Medikamente führt mehr oder weniger schnell zur Resistenzbildung bei den Bakterien, sodass die Arznei dann nicht mehr wirkt. Das Fleisch der Tiere wird an vielen Stellen auf der Erde verzehrt, damit auch die darin enthaltenen Antibiotikareste, womit eine Verbreitung von Resistenzen erfolgen kann. Nach Einsatz eines zweiten und dritten Antibiotikums können sich auch dagegen mit der Zeit resistente Bakterien bilden usw. Irgendwann haben wir multiresistente Keime. Was dann?

Wider den Arzneimittelmissbrauch: Die Massentierhaltung muss beendet werden!

(Wirklich kranke Tiere müssen natürlich tiermedizinisch korrekt behandelt werden.)

81. *Umweltverschmutzung und Innenweltverschmutzung bedingen sich gegenseitig.*

Morphium ist die Leitsubstanz unter den starken Schmerzmitteln, unverzichtbar vor allem bei der Schmerzbehandlung von Krebspatienten in der Endphase ihres Lebens. Zum Fluch wird das Medikament allerdings, wenn es in seiner diacetylierten Form und unter dem Handelsname Heroin missbraucht wird und zahllose Menschen in eine fatale Abhängigkeit und in den Tod treibt.

Warum nehmen Menschen Drogen wie Heroin, LSD, Kokain, Haschisch etc? Oftmals, weil sie mit ihrem stressigen Leben, geprägt von Hektik, Zeitdruck, Erwartungshaltungen an ihren Lern- und Berufserfolg und ihre Selbstoptimierung, Mobbing, Konsumrausch usw. nicht mehr klarkommen, ihr psychisches Leid betäuben und irgendwie aussteigen möchten. Ein leider zunehmendes Phänomen, vor allem in den reichen Industrienationen.

Jürgen vom Scheidt hat dafür den Begriff „Innenweltverschmutzung" geprägt [18]. Umweltverschmutzung und Innenweltverschmutzung hängen direkt miteinander zusammen (wie alles auf der Welt). Was war nun zuerst da? Die Umweltverschmutzung, die unsere Innenweltverschmutzung zur Folge hatte; oder umgekehrt unserer Innenweltverschmutzung, die uns unsere Umwelt hat verschmutzen lassen?

Das ist die klassische Henne/Ei-Frage. Man kann sie so oder so beantworten: Lasst uns Frieden untereinander schließen und glücklichere Menschen werden, dann wird es auch unserer Umwelt gut gehen! Oder: Lasst uns unsere Umwelt retten, dann werden wir glücklich!

82. *Upgrading der körperlichen und mentalen Leistungsfähigkeit hat mit gesundem Leben nichts zu tun.*

So wie es die auf die Erdbevölkerung und Wirtschaft bezogenen Grenzen des Wachstums gibt, ist auch die körperlich und geistige Leistungsfähigkeit jedes einzelnen Menschen limitiert. Doch unsere Leistungsgesellschaft ist von einer schweren Geisteskrankheit befallen, die man Optimierungswahn nennt und der nach der einfacher Regel „höher, schneller weiter, mehr" funktioniert. Kurzfristig kann diese Strategie durchaus erfolgreich sein, langfristig führt sie zum Kollaps.

Einen Boden kann man immer wieder mit Kunstdünger dopen, doch irgendwann ist er vergiftet. Eine Kraftsportlerin kann ihre Leistung mit Testosteron verbessern, doch irgendwann wird sie unfruchtbar und es wächst ihr ein Bart. Ein Radprofi kann Amphetamin zu sich nehmen und als erster den Mont Ventoux erklimmen oder kurz vorher tot vom Rad fallen … Ein Fünftel aller Studierenden bewältigen ihren Prüfungsstress, vergleichbar viele Professoren ihren Drittmitteleinwerbungs- und Publikationsstress mit Hirndopingmitteln wie Koffein-Tabletten, aber auch verschreibungspflichtigen Stimmungsaufhellern, Amphetaminen (Muntermacher), Alzheimer-Medikamenten (gegen Vergesslichkeit) oder Ritalin (gegen Aufmerksamkeits- und Hyperaktivitätsstörungen) … bis zum Burnout.

Keine Macht den Drogen, dem Doping und dem Hirndoping!

83. *Geburtenkontrolle sollte nicht zur Verweiblichung der Natur führen.*

Sicherlich darf sich ein weiterer Anstieg der Weltbevölkerung nur in sehr engen Grenzen halten; besser noch wäre es, wenn es kein weiteres Bevölkerungswachstum mehr gäbe oder es sogar zu einem leichten Rückgang käme.
Doch Vorsicht bei hormonellen Verhütungsmitteln. Frauen, die die Pille nehmen, scheiden einen Teil der Wirkstoffe wieder aus, sodass sie mit dem Abwasser in natürliche Gewässer gelangen. Man vermutet, dass sie dort zu einer Verweiblichung männlicher Fische führen. Das wäre ein gefährlicher Eingriff in die Evolution – und schon wieder ein Beispiel für fehlende Folgeabschätzung.

8 Gute Parasiten

84. *Das Chemische Gleichgewicht ist kein toter Zustand.*

In einem geschlossenen Kolben, in dem sich eine Carbonsäure und ein Alkohol befinden, stellt sich bei einer bestimmten Temperatur nach einiger Zeit ein Gleichgewicht zwischen den Ausgangsstoffen und den beiden Produkten, Ester und Wasser, ein. Dieser Zustand wird mit dem *Massenwirkungsgesetz* beschrieben. Gleichgewichtsverschiebungen resultieren, wenn wir dem System einen der vier Stoffe hinzufügen oder entziehen.
Machen Sie nun bitte mit Ihren Schülerinnen und Schülern, Studentinnen und Studenten den Gedankensprung vom kleinen Kolben zum Riesensystem Erde. Was passiert, wenn immer mehr Stoffe in die Gewässer der Erde eingeleitet oder in ihre Atmosphäre geblasen werden? Was geschieht, wenn Rohstoffe weitgehend verbraucht sind?
Zurück zum Gleichgewicht der Esterbildung und -hydrolyse. Da die Gleichgewichtskonstante (stark) temperaturabhängig ist, wird das Konzentrationsverhältnis der vier im Kolben vorliegenden Stoffe auch von der Temperatur maßgeblich bestimmt. Ist es deshalb nicht einleuchtend, dass sich das Leben auf der Erde verändern *muss*, wenn sich ihre Atmosphäre und in der Folge ihre Gewässer und Landschaften erwärmen?

85. *Leben ist Abhängigkeit.*

Vergleichbar zum Chemischen Gleichgewicht ist das Biologische, das sich mit dem Lotka-Volterra-Modell für eine Räuber-Beute-Beziehung beschreiben lässt und das Sie mit Ihren Schülerinnen und Schülern, Studentinnen und Studenten auch im Chemieunterricht besprechen sollten. Ist genügend Beute (Tiere oder Pflanzen) da, vermehren sich die Räuber (Fressfeinde). Wird die Beute knapp, verringert sich mit einem zeitlichen Abstand auch die Population der Räuber. Wenn es dann weniger Räuber gibt, kann die Beutepopulation erneut wachsen etc. Nach längerer Zeit stellt sich ein Gleichgewicht ein, in dem die Mittelwerte der beiden Populationen konstant sind.
Nun ist das Leben auf der Erde nicht auf ein Räuber-Beute-Paar beschränkt, sondern sehr komplex. Es gibt viele verschiedene Räuber- und Beutearten. *Eine* Räuber-Beute-Beziehung ist deshalb mit zahlreichen *anderen* Räuber-Beute-Beziehungen gekoppelt; Räuber können auch selbst zur Beute werden.
Alles hängt mit allem zusammen, jede Lebensform irgendwie mit jeder anderen.

86. *Leben ist Wachsen und Vergehen.*

Ein Schlüsselexperiment in der Biologie ist die Züchtung einer Bakterienkultur in einer Petrischale. Ein Nährmedium wird mit wenigen Bakterien geimpft. Eine Zeit lang passiert scheinbar nichts. Die Bakterien versuchen, sich an ihre Umgebung anzupassen. Gelingt ihnen das nicht, sterben sie. Finden sie ihre Umgebung hingegen attraktiv, so vermehren sie sich, exponentiell, was man gut beobachten kann. Doch wenn die Nährstoffe nicht ausreichen und/oder der Rand der Petrischale, die Systemgrenze, erreicht wird, verlangsamt sich das Wachstum, kommt zum Erliegen, worauf die Absterbephase beginnt. Meistens verenden alle Bakterien. Gelegentlich stabilisiert sich ihre Population aber auf einer geringen Größe und kann dann sogar wieder wachsen. Gilt diese Populationsdynamik auch für die Menschheit?
Die Jäger und Sammler haben Jahrtausende auf der Erde gelebt, bevor sie vor ungefähr 12.000 Jahren sesshaft wurden. Erst in den bäuerlichen Gesellschaften begann die deutliche

Vermehrung der Menschen, schließlich exponentiell. Wie lange kann das weitergehen? Wann liefert „Mutter" Erde nicht mehr ausreichend Nährstoffe? Wann ist die Kapazitätsgrenze der Erde erreicht? Beginnt dann der Exitus? Wie viele Menschen können sich in eine ökologische Nische flüchten und den Fortbestand der Gattung homo sapiens garantieren? Was in der Biologie „Kapazitätsgrenze" heißt, haben Dennis Meadows und sein Team 1972 als „Die Grenzen des Wachstums" [4] bezeichnet.

87. *Alle biochemischen Kreisläufe sind vernetzt.*

Nichts ist in der Ökologie wichtiger, als vernetzend zu denken. Eine Darstellung des Zitronensäurezyklus kann man in Form eines Puzzles kaufen. Prädikat „besonders wertvoll", denn Studierende erfahren beim Puzzeln, dass im Leben auch auf seiner molekularen Ebene alles mit allem interagiert.
Nicht minder lehrreich ist es, sich zwei Moleküle aus der Biochemie auszusuchen und auf einem Poster mit den vielen biochemischen Stoffflüssen einen Pfad zu suchen, wie sich das eine in ein anderes Molekül überführen lässt. Beispielsweise gelangt man von einem Pflanzenöl zur Asparaginsäure über folgenden verschlungenen Weg: Das Triglycerid wird zunächst Lipase-katalysiert zu Glycerin und Fettsäuren hydrolysiert. Das Glycerin wird in den zentralen C_3-Baustein Pyruvat und dieser durch oxidative Decarboxylierung in aktivierte Essigsäure überführt, während die Fettsäuren über die Fettabbauspirale dorthin gelangen. Die aktivierte Essigsäure wird in den Krebs-Zyklus eingeschleust, die Zitronensäure oxidativ zur α-Ketoglutarsäure decarboxyliert und diese schließlich durch eine reduktive Aminierung zur gewünschten Aminosäure.
Lebenswege sind oft sehr verschlungen.

88. *Ohne Symbiosen geht es nicht.*

Da das Leben so hochgradig komplex und verschlungen ist, funktioniert es nicht ohne Kooperation der verschiedenen Lebewesen untereinander. Geschieht diese zum uneingeschränkten gegenseitigen Nutzen, spricht man von einer Symbiose.

Beispielsweise leben in unserem Darm Millionen von Bakterien. Wir liefern ihnen Nahrung und ein angenehmes Zuhause. Sie schließen unsere Nahrungsinhaltsstoffe mit ihren Enzymen und Zellorganellen zu kleineren Molekülen auf, damit wir diese überhaupt erst resorbieren können. Unsere Darmbakterien sind wirklich unsere besten Freunde. Egoismus ist das Gegenteil von Kooperation. Im Alleingang können wir die Welt nicht vor dem Klimakollaps retten; wir müssen kooperieren, weltweit!

89. *Ökosysteme lassen uns staunen.*

Motivieren Sie Ihre Schülerinnen und Schüler, Studentinnen und Studenten bitte dazu, sich gelegentlich Dokumentarfilme über Ökosysteme anzuschauen. Ein Moor [19], ein Wattenmeer, ein Korallenriff, eine Wüste, die Serengeti [20] ... Jedes Ökosystem ist einzigartig und lässt uns staunen. Und dieses Staunen ist nicht nur die Sehnsucht nach Wissen (vgl. These 3), also nach wissenschaftlichen Verständnis, sondern begründet auch unsere emotionale Bindung zu dem, was die Natur uns schenkt (affektives Lernziel).
In den Dokumentarfilmen wird meistens auch gezeigt, wie bedroht diese Ökosysteme sind. Wenn wir beispielsweise einen brennenden Urwald, einen schmelzenden Gletscher oder einen ölverschmierten Strand sehen, wird vielleicht und hoffentlich der Revolutionär in uns geweckt: Das darf so nicht weitergehen; das muss gestoppt werden! (Siehe auch [21].)

90. *Der Planet Erde ist ein lebendiges Gesamtsystem.*

Besprechen Sie bitte mit Ihren Schülerinnen und Schülern, Schülerinnen und Studenten die Gaia-Hypothese von James Lovelock [22]. (Zur Erklärung: Namensgebend für diese Theorie ist die Göttin Gaia aus der griechischen Mythologie, die die Mutter der Erde ist und sie beschützt.) In den 1970er Jahren kam der mittlerweile 102jährige Chemiker und Universalgelehrte auf die Idee, dass die Erde als Ganzes ein Lebewesen sei. Nun, man mag daran direkt kritisieren, dass sich die Erde nicht vermehren kann, was ein wesentliches Kriterium für Leben ist, aber Lovelock zeichnet auf faszinierende Weise die universalen Synergismen auf, wie alle

Ökosysteme untereinander in Beziehung stehen, sich selbst organisieren, und wie die Erde in ihrer langen Geschichte sogar mit schweren Meteoriteneinschlägen und Schwankungen in der Sonnenaktivität immer wieder klargekommen ist. Heute erklärt das die Systemtheorie.
Lovelocks Fazit lautet: Gaia sorgt dafür, dass das Leben weitergeht, allerdings nicht unbedingt das der Menschheit.

91. *Ökosystem-Dienstleistungen sind unbezahlbar.*

Binden Sie bitte in Ihren Unterricht Ihre Kolleginnen und Kollegen ein, die das Fach Wirtschaft unterrichten. Berechnen Sie aber nicht das Bruttoinlandsprodukt, sondern den monetären Wert verschiedener Dienstleistungen, welche die Natur zum Wohle der Menschheit erbringt.
Lothar Frenz nennt in seinem Buch „Wer wird überleben?" [23] einige Zahlen. So erwirtschaften Insekten durch ihre Bestäubungsleitung allein in den USA jährlich einen Wert von mindestens 57 Milliarden Dollar, und global kann die Biosystemleistung der Natur pro Jahr auf 16-54 Billionen Dollar beziffert werden.
Das Aussterben der Bienen und allgemein der Verlust an Biodiversität führt also rein finanziell betrachtet in die Mega-Pleite! Und eine Pleite abwenden will doch wohl jeder, oder? Wirtschaftswissenschaftler sollten mit erster Priorität Öko-Dienstleistungen berechnen; dann würde sich unser Wirtschaftssystem rasch ändern.

92. *„Lasst uns gute Parasiten sein!"*

Eine Mücke ist zugegebenermaßen ein lästiger Parasit. Wenn wir sie bemerken, bevor sie uns sticht, verscheuchen wir sie oder schlagen sie tot. Sie ist nicht so freundlich wie unsere Darmbakterien, mit denen wir in Symbiose leben (s. These 88), aber viel freundlicher als ein Löwe, der, wenn wir ihm direkt gegenüberstehen, uns wohl auffressen würde.
Das ist typisch für Parasiten; sie schaden ihrem Wirt zwar, bringen ihn aber nicht um, denn dann würden sie ja ihre Lebensgrundlage verlieren und auch selbst sterben. Oft halten Parasiten andere für ihren Wirt schädliche Organismen in Schach; manchmal aktivieren Sie sogar das Immunsystem

ihres Wirtes. Ganz schlecht sind die Parasiten also gewiss nicht.

Was sind wir Menschen für die uns umgebende Natur? Wir leben momentan sicherlich nicht mit ihr in einer harmonischen Symbiose, sondern sind vielmehr ein extrem aggressives und zerstörerisches Raubtier auf dem Wege, die Natur zu töten – und damit auch uns selbst.

Lothar Frenz schlägt folgenden Kompromiss vor [23]: „Lasst uns gute Parasiten sein!" Ärgern wir die Natur ruhig ein wenig, indem wir ihr das entnehmen, was wir zum Leben wirklich brauchen, aber nicht mehr, und lassen wir sie dann wieder in Ruhe. So wie die Mücke, die uns ein bisschen piesackt, indem Sie uns eine winzige Menge Blut klaut, dann aber wieder verschwindet und uns in Ruhe lässt.

9 Umweltschutz im Praktikum

93. *Umweltschutz kann und muss im Chemie-Praktikum gelernt werden.*

Wie Umweltschutzmaßnahmen geplant und umgesetzt werden, können Ihre Schülerinnen und Schüler und insbesondere Ihre Studentinnen und Studenten im Chemiepraktikum lernen. Dazu muss das Praktikum folgendermaßen konzipiert sein:

- *Das Verursacherprinzip befolgen.* Im juristischen und ethischen Sinne gilt, dass ein Produzent für sein Produkt haftet. Im Praktikum sind es die Schülerinnen und Schüler, Studentinnen und Studenten, die die Versuche durchführen, deshalb für ihre hergestellten Produkte und anfallende Versuchsreste haften und sich eigenverantwortlich darum kümmern müssen, was nachher damit geschieht. Sie als Praktikumsleiterin bzw. Praktikumsleiter müssen den jungen Menschen dazu die nötige Infrastruktur (Praktikumsraum nach dem Stand der Technik) zur Verfügung stellen und sie fachlich unterweisen, mündlich und durch geeignete schriftliche Dokumente (Praktikumsskript, Betriebsanweisungen, Sicherheitsbelehrung).

- *Gefährliche Stoffe durch weniger gefährliche ersetzen.* Es liegt in Ihrer Verantwortung, dies bei der Praktikumskonzeption zu berücksichtigen und auch zu dokumentieren. Wenn Sie beispielsweise das Prinzip einer Fällungsreaktion und das Löslichkeitsprodukt als Lernziel verfolgen, dürfen Sie das nicht am Beispiel von giftigem Quecksilbersulfids tun, sondern müssen eine ungiftige Verbindung wählen, beispielsweise Calciumcarbonat.

- *Experimente mit weniger Stoffmenge durchführen.* Wenn Sie z.B. die Volumenkontraktion beim Mischen von Ethanol und Wasser demonstrieren möchten, müssen Sie nicht 500 ml Ethanol und 500 ml Wasser in einem 1-L-Messzylinder schütten, sondern es reicht vollkommen, wenn Sie jeweils 50 ml der beiden Flüssigkeiten in einem 100-ml-Messzylinder mischen. Denn es ist trivial: Kleinere Versuchsansätze bergen weniger Gefahr für Mensch und Natur in sich und sparen Ressourcen.

- *Einzelversuche verknüpfen.* Sie möchten wichtige in der Natur vorkommende Verbindungen beispielsweise des Kupfers vorstellen. Dazu können Sie folgendermaßen vorgehen: In einem ersten Versuch fällen Sie türkisfarbenes Kupfercarbonat aus, indem Sie eine Kupfersulfat-Lösung mit Soda versetzen; in einem zweiten Versuch fällen Sie schwarzes Kupfersulfid aus einer Kupfersulfat-Lösung durch Zugabe von Natriumsulfid aus. Viel besser ist es hingegen, diese beiden Einzelversuche zu verknüpfen: Sie führen den ersten Versuch wie beschrieben durch und geben anschließend zu der türkisfarbenen Suspension Natriumsulfid, worauf das schwarze Kupfersulfid entsteht. Auf Weise benötigen Sie nur eine Portion Kupfersulfat als Ausgangsmaterial, sparen also Ressourcen. Außerdem entsorgen Sie das im ersten Versuchsteil entstandene Kupfercarbonat durch Weiterverwertung. Schließlich Sie erzielen noch einen zusätzlichen Lerneffekt, nämlich dass Kupfersulfid im Vergleich zu Kupfercarbonat schwerer löslich ist, denn sonst würde die geschilderte Umfällung im zweiten Versuchsteil nicht klappen.

- *Versuchsreste getrennt sammeln.* Die Präparate und Reste, die bei Einzelversuchen anfallen, sind im Praktikum in der Regel so gering, dass sich eine einzelne Aufarbeitung nicht lohnt. Die Präparate und Reste müssen deshalb zunächst sorgfältig getrennt gesammelt werden. Wenn dann eine größere Menge zusammengekommen ist, können gezielte Recycling- oder Entsorgungsaufgaben an einzelne Praktikantinnen und Praktikanten delegiert werden.

- *Versuchsreste recyceln.* Lösungsmittel können in vielen Fällen durch einfache Destillation zurückgewonnen werden.

- *Abwässer reinigen.* Farbige Abwässer können mit Aktivkohle behandelt werden, woran sie in vielen Fällen adsorbiert werden. Saure und basische Abwässer können neutralisiert werden.

- *Modellversuche zum industriellem Recycling und zu Umweltschutzmaßnahmen durchführen.* In der Industrie wird zum Beispiel altes Plexiglas thermisch depolymerisiert, um das Ausgangsmonomere, Methymethacylat, zurückzugewinnen. Chlorganische Verunreinigungen im Abwasser werden fotochemisch in Gegenwart von Wasserstoffperoxid mineralisiert. Das sind zwei industrielle Verfahren, die in sehr lehrreichen Experimenten im Praktikum modelliert werden können.

Unsere Erfahrung zeigen, dass dies alles sehr gut funktioniert, dass die jungen Menschen großes Interesse daran zeigen und sehr dankbar dafür sind.

10 Friedliches Denken und Reden

94. *Die militärisch-aggressive Sprache der Chemie muss geändert werden!*

Die Sprache drückt oft (unbewusst) eine Gesinnung aus. Denken Sie als Chemie-Lehrende bitte einmal zusammen mit Ihren Kolleginnen und Kollegen, die Deutsch oder Linguistik unterrichten, über die Umgangssprache der in der Chemie nach. Da knallt und stinkt es und vieles klingt sehr brutal und militärisch. Muss das so sein? Drei Beispiele mit Änderungsvorschlägen:

- Im Chemiepraktikum beurteilen wir die Studierenden u.a. nach der „Ausbeute", die sie bei Präparaten erzielen. Der größte „Ausbeuter" bekommt die beste Note! Wie wäre es, diese fürchterliche Vokabel zu ersetzen durch „geschickte Einstellung eines chemischen Gleichgewichts in Hinblick auf einen zufriedenstellenden Ertrag eines erwünschten Produktes"?
- Muss ein bestimmter Reaktionsmechanismus so mörderisch „Eliminierung" genannt werden und nicht lieber „Trennung von Molekülteilen zum gegenseitigen energetischen Nutzen des gesamten Systems"?
- Kann man den hinterlistigen „Rückseitenangriff" nicht moderat als „räumlich maßgeschneiderte Interaktion zweier Reaktionspartner" beschreiben?

Zugegebenermaßen klingt das alles viel komplizierter, dafür aber umso freundlicher. Und bestimmt ist eine weniger aggressive Sprache in der Chemie auch allgemein friedensstiftend.

Wir Menschen müssen Frieden schließen mit der Natur, die wir so sehr misshandelt haben!

95. *Erzählt Geschichten positiv!*

„Höher, weiter, schneller, mehr – das klappt ganz gewiss nicht mehr" – wäre das ein Motto für ein Demonstrationsposter, um das Wachstum des Bruttoinlandproduktes als Wohlstandsindikator durch eine Glücksökonomie zu ersetzen, in der die Zufriedenheit der Bevölkerung das Maß für eine Nation ist, in der man sehr gerne lebt?

Strahlen Sie selbst bitte Hoffnung und Zuversicht aus und fordern Sie Ihre Schülerinnen und Schüler, Studentinnen und Studenten dazu auf, gemeinsam mit den Kindern und Jugendlichen der Fridays-For-Future-Bewegung, mit den Scientists-For-Future und anderen Menschen, die Einfluss haben und etwas in der Politik und Wirtschaft bewegen können, unsere Welt neu zu denken [24], nicht aus Angst vor den möglichen negativen Folgen der Erderwärmung zu erstarren oder diese auch nur zu verdrängen, sondern positiv zu denken, wie schön es wäre, wenn die Fichten nicht vertrocknen, sondern grünen, wenn Korallen nicht verbleichen, sondern ihre ganze Farbenpracht entfalten, wenn wir keine Atemschutzmasken mehr brauchen, weil uns kein Smog das Atmen erschwert, wenn Menschen nicht migrieren müssen, sondern in ihrer Heimat bleiben können, weil kein Klimawandel sie zum Fliehen drängt … Warum nicht Tempo 30 in allen Städten und Tempo 100 auf allen Autobahnen? Allein die Entschleunigung täte allen Menschen gut. Wecken Sie bei den jungen Menschen den unerschütterlichen Glauben an die Kraft von Wissen und Gewissen. Denn Pessimismus und das Gefühl von Hilflosigkeit angesichts einer Klimakatastrophe bringen uns nicht weiter (vgl. [25]). Gerade angehende Chemikerinnen und Chemiker, Chemieingenieurinnen und Chemieingenieure haben die Kompetenz, die Welt zu verbessern.

Im Leitbild der Firma Merck taucht das in die Zukunft weisende Wort *Imagine* auf – eine Hommage an den großen Visionär John Lennon? Die Welt ist (noch) voller Möglichkeiten.

Stoppt Klimawandel, Artensterben, Ozeanvermüllung … Es ist Zeit für eine Wende. „Wendezeit" – so der Titel des zwar schon über 30 Jahre alten, aber noch immer hochaktuellen Films zum New Age-Klassiker des Physikers Fritjof Capra [26], den Sie Ihren Schülerinnen und Schülern, Studentinnen und Studenten empfehlen müssen. Darin entlarvt eine Physikerin den Irrtum des anthropozentrischen und reduktionistischen Denkens. Ein Elektron ist kein Teilchen, dass einsam auf einer Bahn um einen Atomkern kreist; es ist überhaupt nicht fassbar, sondern steht mit allen Atomen in einer Verbindung in Beziehung, so wie diese wiederum mit Millionen anderen Molekülen in Beziehung stehen. Alles ist Beziehung, alles hängt mit allem zusammen – so lautet das *Grundgesetz der Ökologie*. Und ein Baum ist nicht nur ein Lieferant für Sauerstoff und Holz, sondern viel mehr, und zwar ein *Wunder des Lebens*.

Die Wende zum Guten beginnt in unseren Köpfen!

Imagine

Stell' dir vor,
die Fichten würden nicht vertrocknen
und kein Koala müsste im australischen Buschfeuer verbrennen.
Stell' dir vor,
kein Eisbär würde hilflos auf einer schmelzenden Eisscholle auf dem
Polarmeer treiben
und kein Klimaflüchtling würde im Mittelmeer ertrinken.

Stell' es dir einfach vor. Es ist nicht schwer.
Du willst doch gar nicht, dass das alles passiert!

Stell' dir vor,
kein Hurrikan würde über die Stadt ziehen und alles mit seiner gewaltigen
Kraft zerstören
und kein flaches Land würde im Meer versinken.
Stell' dir vor,
keine Biene würde durch Pflanzenschutzmittel vergiftet
und du könntest die Atemschutzmaske abnehmen, weil es keinen
Feinstaub und keine Keime mehr in der Luft gäbe.

Stell' es dir einfach vor. Es ist nicht schwer.
Du willst doch gar nicht, dass das alles so ist!

Stell' dir vor,
die Erderwärmung könnte gestoppt werden
und die wunderbare Vielfalt aller Lebensformen bliebe erhalten.
Stell' dir vor,
du könntest die Welt retten.

Bestimmt hältst du mich für einen Träumer,
aber ich bin nicht der einzige auf dieser Welt.
Eines Tages wirst du uns folgen, und zusammen sind wir stark.

Stell' dir vor,
welch großartiges Geschenk das Leben ist.
Stell' dir vor,
wie einzigartig das Leben ist.
Ist es nicht deine Berufung, ist es nicht unsere Berufung,
das Leben zu schützen und zu bewahren?

Teil II

„Geh' mir aus der Sonne" – Warum Diogenes der weiseste Chemiker aller Zeiten war

Plaudereien über die Chemie und das Leben

In wohl jedem Chemie-Oberstufenkurs oder jeder Chemie-Einführungsvorlesung auf der Welt werden die Themen Atome, Periodensystem, Reaktionen, Bindungen, Molekülstrukturen, Energetik, Säuren, Laugen, Salze, Aggregatzustände, chemisches Rechen, wichtige Rohstoffe und bedeutende Industrieprodukte … mehr oder weniger ausführlich behandelt, fachsystematisch natürlich so aufbereitet, dass sie in einer Klausur abprüfbar (!) sind.

Schüler, Schülerinnen oder Studierende können sich also in einem Standardkurs eine ganze Menge „Tausch"wissen aneignen. Diesen fachdidaktischen Begriff finde ich genial: „Tausch"wissen – Wenn Prüflinge die Klausur schreiben, *tauschen* Sie nämlich Ihr eingepauktes *Wissen* gegen eine (hoffentlich recht gute) *Note* aus; damit ist der Kurs abgehakt, und das Wissen ist wieder weg.

Das ist natürlich schade. Deshalb möchte ich im Folgenden den Versuch starten, locker über die Chemie zu plaudern, in der Hoffnung zu überzeugen, dass das Fach zum Verständnis unseres Lebens und unserer Umwelt in der Tat wahnsinnig viel beitragen und so machen Denkanstoß geben kann, vor allem auch in Hinblick auf die ökologischen Probleme, die es in Kürze zu lösen gibt.

1 Es werde Licht! –
Warum die Genesis so anfängt

„Es werde Licht!" Mit diesem Befehl hat Gott laut der Bibel die Schöpfung der Welt begonnen.

Nun, die Autoren der Genesis wollten gewiss keinen naturwissenschaftlichen Bericht über den Ursprung des Universums abliefern, sondern vielmehr in wunderschöner Poesie das Leben preisen und dafür Dank aussprechen. Trotzdem haben sie intuitiv erkannt, dass das Licht, genauer gesagt das Sonnenlicht, die Quelle allen irdischen Lebens ist.

Mit Licht beginnt die Fotosynthese, und dann folgt eine Kaskade von schier unendlich vielen chemischen Reaktion. Damit sind wir mitten drin in dem, was wir Chemie nennen: Chemie ist definitionsgemäß die Naturwissenschaft, die sich mit den Stoffen, ihren Eigenschaften und ihrem reaktiven Verhalten beschäftigt.

„Chemistry: The Central Science" – so haben die Autoren *Brown*, *LeMay* und *Bursten* ihr Lehrbuch betitelt. Und genauso prägnant heißt das Lehrbuch von *Atkins*: „Chemie – einfach alles". Basta! Ist das genug Werbung, um sich näher auf die Chemie einzulassen?

<u>Aufgaben:</u>

1. Was ist Licht?
2. Welcher formelmäßige Zusammenhang besteht zwischen der Wellenlänge, der Frequenz und der Energie elektromagnetischer Strahlung?

2 Klein, aber fein – Bausteine der Materie und wunderschöne Strukturen

Schon vor ca. 2500 Jahren haben sich die griechischen Naturphilosophen, allen voran *Demokrit*, Gedanken darüber gemacht, wie weit Materie, beispielsweise ein Stein, zerkleinert werden kann. Und sie sind zu dem Schluss gekommen, dass es winzige Urteilchen geben müsse, die wir mit bloßem Auge gar nicht sehen können und die sich nicht weiter teilen ließen. Der Begriff „Atom" war geboren, was so viel heißt wie „Das Unteilbare".

Genial ist es, dass die alten Griechen auch schon der Meinung waren, dass es durchaus verschiedene Atome mit unterschiedlichen Größen und Formen geben müsse, aus denen sich dann die vielen verschiedenen Stoffe, die wir in der Natur finden, nach einem Baukastensystem zusammenbauen ließen.

Fast 2500 Jahre hielt sich die Hypothese vom Atom als unteilbares Teilchen. So lange überlebte bislang keine andere naturwissenschaftliche Vermutung. Doch spätestens mit der Entdeckung der Röntgenstrahlung im Jahre 1895 wurde klar, dass es subatomare Teilchen geben, dass in den Atomen also noch etwas Kleineres verborgen sein müsse.

Ernest Rutherford machte dazu ein geniales Experiment, dass unter dem Namen „Rutherford'sches Streuexperiment" in die Geschichte der Naturwissenschaften einging. Und zwar bestrahlte er eine Goldfolie mit α-Strahlen, die aus dem radioaktiven Zerfall des Urans stammten. Wenn – nach der Hypothese der alten Griechen – Atome unteilbare kompakte Teilchen wären, dann wären sie in der Goldfolie dicht gepackt und würden die Strahlung gar nicht durchlassen, sondern reflektieren. *Rutherford* beobachtete aber genau das Gegenteil: Die meisten Strahlen passierten die Goldfolie ungehindert, und nur sehr wenige wurden reflektiert. *Rutherford* schloss daraus, dass der größte Teil der Masse eines Atoms auf einem sehr kleinen Raum konzentriert sein müsse, den er als den Atomkern bezeichnete. Um diesen herum müsse quasi ein Vakuum sein. Durch dieses Vakuum könnten die α-Strahlen hindurchfliegen. Und nur ganz wenige Strahlen, die zufällig genau auf einen Atomkern prallen, würden zurückgeworfen. Damit war das Kern-Hülle-Modell geboren, welches das altgriechische Atommodell endgültig ablöste.

Allein schon der Gedanke, dass nach dem Kern-Hülle-Modell der größte Teil eines Atoms Vakuum ist, ist faszinierend. Da wir Menschen aus Atomen bestehen, sind wir also überwiegend auch Vakuum. So betrachtet gewinnen Ausdrücke wie „Ich habe dich durchschaut!" oder „Der transparente Mensch" eine neue Bedeutung.

Für den Chemiker sind drei subatomare Teilchen wichtig:

1. Das relativ schwere Proton, das eine positive elektrische Ladung besitzt.
2. Das vergleichbar schwere Neutron, das – wie es sein Name bereits verrät – keine elektrische Ladung trägt.
3. Und das fast um den Faktor 2000 leichtere Elektron, das negativ geladen ist.

Nun bilden die relativ schweren Protonen und Neutronen gemeinsam den kompakten Atomkern und halten dort über die von den Physikern so bezeichneten „starken Kräfte" zusammen, während die winzigen Elektronen den großen Raum um den Kern herum besetzen. Wo sie sich dort genau befinden und ob sie sich bewegen, darüber stellte *Rutherford* keine Spekulationen an.

Vielmehr war es *Niels Bohr*, der mit seinem Atommodell konkretere Vorstellungen darüber entwickelte, wie die Elektronenhülle strukturiert sei. Vielleicht hatte sich *Bohr* von einer philosophischen Vermutung leiten lassen, dass sich der Makrokosmos im Mikrokosmos widerspiegle. Was ist damit gemeint? Nun, im Makrokosmos kreisen die Planeten auf definierten Bahnen um die Sonne, und sie bleiben auf diesen Bahnen, weil die Anziehungskräfte, die sie zur Sonne hinziehen, genauso groß sind wird die Zentrifugalkräfte, die in die andere Richtung wirken. Warum also sollte es im Inneren eines Atoms nicht ähnlich zugehen, dass nämlich die Elektronen auf konkreten Bahnen um den Kern herumsausen, wobei sich die elektrostatischen Anziehungskräfte zum positiv geladenen Kern hin die Waage halten mit den Zentrifugalkräften in die entgegengesetzte Richtung.

Das Bohrsche Atommodell berücksichtigte auch die einige Jahre zuvor von *Max Planck* aufgestellte Quantentheorie, nach der es im Mikrokosmos keine kontinuierliche Zunahme der Energie gebe, sondern ein sprunghafte. (Randbemerkung: Das hat *Albert Einstein*, eine andere Koryphäe dieser Zeit, nie geglaubt – und hat trotzdem mit *Max Planck* zusammen immer schön musiziert.) Die Bohrschen Bahnen spiegeln diese gequantelten Energiezustände wider.

Und schließlich lässt sich das Bohrsche Atommodell mit dem Periodensystem der Elemente folgendermaßen korrelieren:

- Auf der kleinsten inneren Schale haben 2 Elektronen Platz, so wie in der ersten Periode des Periodensystems 2 Elemente stehen.
- Auf der etwas größeren zweiten Schale ist Platz für 8 Elektronen, so wie es in der zweiten Periode des Periodensystems 8 Elemente gibt.
- Auf der noch größeren dritten Schale können 18 Elektronen untergebracht werden, so wie in der dritten Periode inklusive der ersten Übergangsmetallreihe des Periodensystems 18 Elemente stehen.
- Usw.

Die Zahl der pro Schale unterzubringenden Elektronen lässt sich mit der Formel $2n^2$ beschreiben, wobei n die Schalennummer ist. Und wenn Physiker ihre Theorie mit einer mathematischen Formel untermauern können, dann sind sie in der Regel sehr, sehr glücklich.

Mit dem Bohrschen Atommodell lassen sich aber leider nur die flammenspektroskopischen Eigenschaften des Wasserstoffs gut beschreiben, sodass das Modell, so schön es klingt, nicht der Wahrheit letzter Schluss sein konnte. Deshalb wählten *Schrödinger* und *Heisenberg* einen ganz anderen Ansatz, um die elektronischen Zustände in der Elektronenhülle eines Atoms zu beschreiben; und zwar betrachteten sie die einzelnen Elektronen nicht als bewegliche Masseteilchen, sondern als elektromagnetische Wellen, berechneten ihre Wellenfunktionen und bekamen als Lösungen sogenannte Orbitale heraus. Das sind Räume, in denen sich maximal zwei Elektronen mit einer hohen Wahrscheinlichkeit aufhalten können. Diese Orbitale spiegeln Energieinhalte wider und haben unterschiedliche Größen und Geometrien.

Interessant ist, dass mit diesem Orbitalmodell eingestanden wird, dass man nicht genau weiß, wo die Elektronen sind, sondern ihren Aufenthaltsort nur mit einer bestimmten Wahrscheinlichkeit angeben kann. Der berühmte Ausspruch des alten *Sokrates* „Ich weiß, dass ich nichts weiß!" trifft also für die Atomforscher zumindest in der Hinsicht zu, dass sie nicht wirklich wissen, wo das ist, was sie suchen.

Mit *Sokrates* sind wir wieder in der Antike, wo wir dieses Kapitel mit den Naturphilosophen begonnen haben; und so fällt der Gedankensprung zu *Sokrates* Schüler *Platon* natürlich leicht. *Platon* war davon überzeugt, dass die für ihn so überwältigende Schönheit der Natur nur entstehen konnte, weil ihre Bauteile hochsymmetrisch sind. Weil sie z.B. die Form eines Tetraeders, eines Oktaeders, eines Würfels oder einiger andere sehr symmetrischer Formen besitzen, die sich ordentlich aneinanderreihen und stapeln lassen. Diese Formen nennt man heute die Platonischen Körper. Und diese finden wir in der Chemie tatsächlich sehr oft.

Beispielsweise der Würfel. Die Struktur des Natriumchlorids, unseres Haushaltssalzes, lässt sich so beschreiben, dass die positiv geladenen Natriumkationen und die negativ geladenen Chloridanionen immer abwechselnd auf den Ecken eines Würfels sitzen. Diesen bezeichnet man als die Elementarzelle des Natriumchlorids. Wenn man diese nun nach rechts und links, vorne und hinten, oben und unten immer weiter fortsetzt, baut man den gesamten makroskopischen Salzkristall auf.

Neben der Würfelstruktur begegnen uns im Natriumchlorid-Kristall auch oktaederische Strukturuntereinheiten, und das gleich zweimal. Jedes Natriumkation sitzt nämlich im Zentrum eines Oktaeders und ist von sechs Chloridanionen symmetrisch umgeben, die in den Ecken dieses Oktaeders sitzen. Und das gilt analog für jedes Chloridion. Es sitzt ebenfalls im Zentrum eines Oktaeders und ist von sechs Natriumionen umgeben, welche die Ecken des Oktaeders einnehmen. Einfach irre, diese Verschachtelung hochsymmetrischer Strukturelemente!

Den Tetraeder finden wir in der Natur ebenfalls sehr häufig. Beispielsweise im Diamant. Der besteht aus reinem Kohlenstoff. Jedes Kohlenstoffatom sitzt dabei im Zentrum eines Tetraeders und ist von vier anderen Kohlenstoffatomen umgeben, die in den Ecken dieses Tetraeders positioniert sind. So entsteht ein unendliches dreidimensionales Netzwerk von Kohlenstoffatomen.

Eine tetraedrische Struktur weist auch Methan, CH_4, unser Erdgas, auf. Hier ist der zentrale Kohlenstoff tetraedrisch von vier Wasserstoffatomen umgeben.

Zum Schluss noch der Quarz, eine Verbindung aus Silizium und Sauerstoff. Auch hier haben wir tetraedrische Strukturelemente. Jedes Siliziumatom ist tetraedrisch an vier Sauerstoffatome gebunden, und die wiederum verknüpfen jeweils zwei Tetraeder-Einheiten, so dass lange Ketten entstehen, die sich zu Schichten querverstreben, die sich schließlich übereinanderliegend vernetzen.

Schauen Sie sich einmal eine Mineraliensammlung an. Sehr beeindruckend wie Atome, diese unscheinbaren Winzlinge, so faszinierende Strukturen aufbauen können.

<u>Aufgaben</u>:

1. Was ist eine atomare Masseneinheit?
2. Was sind α-Strahlen?
3. Was besagt die Quantentheorie von *Max Planck*?
4. Was versteht man unter Flammenspektroskopie?
5. Wie lautet die berühmte *Einstein*-Formel und welche Bedeutung hat sie für die Kernspaltung?
6. Was versteht man unter den Teilchen-Welle-Dualismus?
7. Was besagt die *Heisenberg*'sche Unschärferelation?
8. Was besagt die *Hund*'sche Regel?
9. Informieren Sie sich bitte über das Aussehen der verschiedenen Atomorbitale.

10. Wieso stehen die 3d-Elemente, das sind die Übergangsmetalle Scandium bis Zink, in der vierten Periode des Periodensystems?
11. Welche anderen geometrischen Körper zählt man neben Tetraeder, Oktaeder und Würfel sonst noch zu den Platonischen Körpern?
12. Cäsium ist ein Alkalimetall wie Natrium. Doch warum sieht die Elementarzelle von Cäsiumchlorid ganz anders aus als die von Natriumchlorid?
13. Welche Strukturen haben die Verbindungen CCl_4 bzw. SF_6?
14. Neben dem Diamanten gibt es vom Kohlenstoff noch eine andere wichtige Modifikation, und zwar den Graphit. Wie ist Graphit strukturchemisch aufgebaut?

3 Wer Tabellen mag – Was man aus dem Periodensystem der Elemente ablesen kann

Der Russe *Dmitri Iwanowitsch Mendelejew* und der Deutsche *Lothar Meyer* besaßen zwar noch kein Excel-Programm, dafür aber wohl das gesamte chemische Wissen ihrer Zeit, als sie unabhängig voneinander die mit Abstand wichtigste Tabelle in den Naturwissenschaften publizierten: das Periodensystem der Elemente; *Mendelejew* 1869, *Meyer* kurze Zeit später. Die beiden Chemiker hatten eine Tabelle angelegt und alle damals bekannten Elemente in den Zeilen nach steigenden Atomgewichten und in den Spalten nach gemeinsamen Eigenschaften sortiert. Die Zeilen nannten sie Perioden, die Spalten bezeichneten sie als Gruppen.

In dem ursprünglichen Periodensystem waren noch einige Lücken, beispielsweise unter dem Aluminium und unter dem Silizium. *Mendelejew* und *Meyer* sagten deshalb voraus, dass da noch Elemente sein müssten, die bislang noch nicht entdeckt waren. Welch eine Weissagung! In der Tat wurden bald darauf die Elemente Gallium und Germanium gefunden, die diese Lücken füllten.

Wissenschaftler nach *Mendelejev* und *Meyer* haben das Periodensystem immer differenzierter interpretiert.

Im dem Ordnungssystem sind die Elemente durchnummeriert. Die Nummer eines Elementes bezeichnet man auch als seine Ordnungszahl. Sie gibt gleichzeitig die Anzahl der Protonen im Kern und – bei einem Atom – auch die Anzahl der Elektronen in der Hülle des Elementes an. Kationen haben weniger Elektronen in ihrer Hülle als Protonen im Kern, sodass sie insgesamt positiv geladene Teilchen sind. Umgekehrt besitzen

Anionen mehr Elektronen in ihrer Hülle als Protonen im Kern und sind folglich negativ geladene Teilchen.

In der ersten Periode stehen nur zwei Elemente, Wasserstoff und Helium. Auf der ersten Schale ist ja – nach *Bohr* – auch nur Platz für maximal zwei Elektronen. In der zweiten Periode stehen schon acht Elemente: Lithium, Beryllium, Bor, Kohlenstoff, Stickstoff, Sauerstoff, Fluor und Neon. Auf der zweiten Schale ist nämlich – entsprechend dem Bohrschen Atommodell – Platz für maximal acht Elektronen.

Die Elemente, die in der ersten Gruppe des Periodensystems stehen, sind die sogenannten Alkalimetalle, von oben nach unten: Lithium, Natrium, Kalium, Rubidium und Cäsium. Ihnen gemeinsam ist, dass sie auf ihrer äußeren Elektronenschale nur ein Elektron besitzen, das sie besonders gerne an mögliche Reaktionspartner abgeben. Sie gehen dabei aus dem elementaren Zustand in den einwertig kationischen Zustand über. Heute sagt man dazu auch, dass sie vom nullwertigen Zustand zum plus einwertigen oxidiert werden. Vom Lithium zum Cäsium nimmt die Reaktivität dabei zu. Lithium reagiert beispielsweise gemächlich mit Wasser, Natrium schon deutlich heftiger, Kalium und Wasser fliegt einem um die Ohren, und die Reaktion von Cäsium mit Wasser eignet sich für Selbstmörder. Von oben nach unten nimmt im Periodensystem die Größe der Atome zu. Und je weiter ein Elektron vom Atomkern entfernt ist, desto leichter kann es abgegeben werden, oder anders ausgedrückt, desto reaktiver ist es.

Die Elemente, die wir in der zweiten Gruppe des Periodensystems finden, heißen Erdalkalimetalle; von oben nach unten: Beryllium Magnesium, Calcium, Strontium und Barium. Sie alle besitzen auf ihrer äußeren Schale zwei Elektronen, also ein Elektron mehr als die Alkalimetalle, und geben diese beiden Elektronen besonders gerne ab, wobei sie aus ihrem nullwertigen elementaren Zustand in den zweiwertig kationischen übergehen.

Bei den Elementen, die in der siebten Gruppe des Periodensystems stehen – von oben nach unten sind das Fluor, Chlor, Brom und Iod – beobachten wir etwas ganz anderes. Diese sogenannten Halogene verfügen auf ihrer Außenschale über sieben Elektronen und nehmen von geeigneten Reaktionspartnern besonders gerne ein weiteres Elektron auf. Dabei gehen sie in die einfach negativ geladenen Anionen Fluorid, Chlorid, Bromid bzw. Iodid über. Man sagt auch, dass sie vom nullwertigen Zustand zum minus einwertigen reduziert werden.

Ganz rechts im Periodensystem, in der achten Gruppe, stehen von oben nach unten die Edelgase Helium, Neon, Argon, Krypton und Xenon. Diese Elemente werden als „edel" bezeichnet, weil sie keine Reaktionen eingehen – oder höchstens unter ganz extremen Bedingungen. Sie sind also offensichtlich mit sich selbst zufrieden. Und das erklärt sich damit, dass sie eine mit Elektronen gefüllte Außenschale haben – beim Helium mit zwei Elektronen, bei den anderen Gasen mit jeweils acht Elektronen –, die energetisch betrachtet sehr günstig, d.h. energiearm ist.

Mit dieser Überlegung wird auch das reaktive Verhalten anderer Elemente verständlich. Was passiert, wenn beispielsweise ein Natriumatom auf ein Chloratom trifft? Es gibt einen heftigen Rums – und wir haben Kochsalz. Nun, das ist etwas populärwissenschaftlich plump ausgedrückt. Aber schauen wir uns die Stellung von Natrium und Chlor im Periodensystem genauer an. Natrium steht in der dritten Periode. Sein einziges Außenelektron sitzt also auf der dritten Schale, der Außenschale, die auch Valenzschale genannt wird. Wenn dieses eine Elektron abgegeben wird, ist die Außenschale abgeräumt, leer, und beim resultierende Natrium-Kation ist die zweite Schale nach wie vor mit acht Elektronen besetzt. Das ist die elektronische Anordnung – man sagt auch Elektronenkonfiguration –, die das Edelgas Neon besitzt, welches am Ende der zweiten Periode im Periodensystem steht. Das Natrium ist also durch Abgabe seines Valenzelektrons in den elektronischen Glückseligkeitszustand des Neons eingetreten. Beim Chlor verhält es sich ähnlich. Es steht wie das Natrium in der dritten Periode des Periodensystems, hat aber auf seiner Valenzschale nicht ein Elektron, sondern sieben Elektronen. Wenn es das vom Natrium abgegebene Elektronen übernimmt, ist seine Außenschale mit acht Elektronen gefüllt und entspricht dann genau der, die das Edelgas Argon besitzt. Durch die Chlorid-Bildung hat das Chloratom also ebenfalls den Glückseligkeitszustand eines Edelgases erreicht.

Wir sehen: Atome sind im Grunde genommen wie Menschen und wollen einfach nur glücklich werden, so glücklich und zufrieden, wie die Edelgase es von Natur aus sind. Das ist doch hübsch. Etwas politischer kann man es so ausdrücken, dass das Streben nach Glück nicht nur ein Menschenrecht, sondern auch ein atomares Recht ist.

Linus Pauling, zweifacher Nobelpreisträger, hat den Begriff der Elektronegativität geprägt, Elektronegativität ist ein Maß dafür, wie stark ein Element bestrebt ist, ein Elektron aufzunehmen. Das Fluor ist das elektronegativste Element, das es gibt. Man kann auch sagen, dass das Fluor der größte Elektronenräuber ist. Ein Fluoratom ist turbogeil auf ein Elektron, und klaut sich deshalb ein solches, fast egal von welchem Reaktionspartner. Warum tut es das? Klar, es gelangt durch eine Elektronenaufnahme in den elektronisch paradiesischen Zustand des Edelgases Neon. Elektropositivität bedeutet nach *Pauling* genau das Gegenteil von Elektronegativität und ist ein Maß für die Bereitschaft, ein Elektron abzugeben. Wenn nun ein besonders elektronegatives und ein besonders elektropositives Teilchen aufeinandertreffen, hat man eine sehr heftige Reaktion. Die Umsetzung von Fluor mit Cäsium ist also eine weitere Option für einen Selbstmordversuch.

Fassen wir zusammen. Das Periodensystem liefert Informationen über die Massen, Größen, und Elektronenkonfigurationen aller Elemente und – was das Wichtigste ist – erlaubt Voraussagen über ihr reaktives Verhalten. In der Tat ist das Periodensystem eine sehr nützliche Tabelle, die wir *Mendelejew* und *Meyer* zu verdanken haben.

<u>Aufgaben:</u>

1. Beschreiben Sie bitte die Elektronenkonfiguration der Elemente mit den Ordnungszahlen 8 bzw. 22 nach dem Bohrschen Atommodell sowie nach dem Orbitalmodell.
2. Erklären Sie bitte mit Elektronenkonfigurationen das typische reaktive Verhalten von Lithium bzw. Calcium.
3. Warum gibt es (bislang) kein Ne^+?
4. Aluminium verbrennt bei Zugabe von Chlor. Welche Verbindung entsteht? Begründen Sie bitte deren Formel.
5. Zum spielerischen Auswendiglernen des Periodensystems. Lernen Sie zuerst das Schach-Spielen. (Vielleicht können Sie es ja auch schon.) Nun die Frage: Sie stehen mit dem Pferd auf dem Arsen; welche Elemente können Sie schlagen?

4 Chemie und Liebe – ein Gleichnis – Warum Teilchen miteinander reagieren

Der deutsche Dichterfürst *Johann Wolfgang von Goethe* hat in seinem 1806 erschienenen Roman „Die Wahlverwandtschaften" eine chemische Reaktion thematisiert, und zwar die Umsetzung von Kalkstein – das ist Calciumcarbonat – mit Schwefelsäure zu

Gips – das ist Calciumsulfat – und Kohlensäure, und sich gefragt, warum Stoffe überhaupt miteinander reagieren, welche Reaktionspartner sie auswählen, was die Triebkraft für ihr chemisches Verhalten ist. Und dann hat *Goethe* ganz analog gefragt, was Menschen dazu treibt, aus bestehenden Beziehungen auszubrechen und neue Bindungen einzugehen. Chemie und Liebe – ein Gleichnis. Kurz: In den „Wahlverwandtschaften" geht es um einen doppelten Partnertausch, so wie bei der geschilderten chemischen Reaktion, bei der das Calciumkation, das anfangs in einer festen Ionenbindung mit einem Carbonatanionen lebt, sich mit dem Sulfatanion einen neuen Partner sucht, während die Protonen der Schwefelsäure mit dem Carbonatanion in Form von Kohlsäure abhauen und sich schließlich sprichwörtlich in Luft auflösen; denn Kohlensäure – das kennen wir vom Sprudel – ist instabil und zerfällt zu Wasser und Kohlenstoffdioxid, welches als Gas in die Umgebungsluft entweicht. Deshalb hieß die Kohlensäure zu Goethes Zeiten auch noch nicht so, sondern man nannte sie ganz einfach „Luftsäure". Das Gleichnis ist perfekt, denn auch menschliche doppelte Partnertausche klappen in der Regel höchstens zur Hälfte: Das eine neue Paar kommt ganz gut zurecht, während die andere Beziehung total chaotisch wird.

Gerne sagt man: „Da hat es zwischen zwei Menschen gefunkt!" Wie bei Natrium und Chlor, die unter einer leuchtend gelben Feuererscheinung verschmelzen. Wer ist im entstehenden Natriumchlorid eigentlich das Männlein, wer das Weiblein? Na, das dürfte klar sein: Natrium ist der Mann, dem etwas abgeht, und Chlor ist die Frau, die das vom Mann Abgegebene in sich aufnimmt. Ganz schön versaut sexy, das Leben der Atome! Und für beide Atome ist es sehr befriedigend, weil sie durch den Elektronentransferprozess, den man als den molekularen Orgasmus bezeichnen kann, eine elektronisch gesättigte Außenschale erhalten und so in einen paradiesischen Zustand gelangen, wo die Edelgase von Natur aus schon sind.

Meistens sind die Elemente heterosexuell. Wenn aber der passende Partner fehlt, entwickeln sie durchaus auch homoerotische Neigungen. Beispielsweise vereinigen sich die Schwermetalle Eisen, Chrom und Nickel gerne zu einer sogenannten Legierung, die dann als nicht-rostender Edelstahl sehr nützlich ist. Ein weiteres bekanntes elementares Schwulenpaar bilden Kupfer und Zinn, deren Legierung so berühmt ist, dass sie einer ganzen Epoche der Menschheit den Namen gegeben hat – die Bronze.

Lesbisch können die Halogene sein; sie bilden untereinander sogenannte Interhalogenverbindungen wie Bromtrifluorid oder Iodheptafluorid.

Viele chemische Prozesse spielen sich in Lösungen ab. Eine Lösung entsteht allerdings nur, wenn sich das Lösungsmittel und der zu lösender Stoff miteinander vertragen. Wasser und unser Haushaltszucker lieben sich; Pflanzenfett oder Mineralöl und Benzin lieben sich ebenfalls; Wasser und Benzin aber hassen sich geradezu. Dafür gibt es im Laborjargon eine einfache Erklärung: „Gleiches löst Gleiches." Was ist damit gemeint? Wasser und Zucker sind polare Moleküle mit OH-Gruppen, die sogenannte Wasserstoffbrückenbindungen untereinander eingehen, was zum Auflösen der Zuckerkristalle führt – und einen herrlich süßen Saft liefert. Wasser und Benzin lösen sich hingegen nicht ineinander; das sehen wir zum Beispiel an einem regnerischen Tag an der Tankstelle, wo Benzin auf den Wasserpfützen schwimmt. Wasser und Benzin sind chemisch betrachtet zu unterschiedlich, um sich ineinander zu lösen. Das Wasser besitzt – wie gesagt – eine polare OH-Gruppe, während Benzin eine ganz unpolare Flüssigkeit ist, die nur Kohlenwasserstoffverbindungen enthält. Benzin löst hingegen ein Pflanzenfett oder ein Mineralöl. Diese haben nämlich als dominantes Strukturelement lange Kohlenwasserstoffketten, die den Verbindungen im Benzin sehr ähneln und sich deshalb damit gut vertragen.

Diese gerade geschilderten Phänomene werden auch mit Fachbegriffen beschrieben. Zucker ist hydrophil – übersetzt heißt das: er liebt das Wasser. Benzin ist lipophil, es liebt das Fett und Öl. Benzin ist gleichzeitig hydrophob. Es hat also eine Phobie gegenüber dem Wasser, und Wasser ist lipophob, hat also panische Angst vor dem Öl und hasst es geradezu. Armes Meerwasser, wenn ein Öltanker havariert; diese ökologische Katastrophe kennen wir.

Nun, unterlässt man den Animismus, dass chemische Stoffe wie Menschen sind, die treu bleiben oder mit heißem Begehren fremdgehen, die lieben oder hassen, so bleibt nur eine ganz unromantische kinetische Betrachtung der Aktivierungsenergie einer Reaktion sowie die thermodynamische Kalkulation von Reaktionsenthalpie und -entropie, und wenn dabei unter dem Strich ein Energiegewinn gegenüber dem Ausgangszustand resultiert, dann geht die Reaktion freiwillig ab, sonst eben nicht – außer man erzwingt sie durch Energiezufuhr von außen.

Letztlich steckt hinter allem chemischen Bestreben der Wunsch der Moleküle, einen möglichst energiearmen Zustand zu erreichen, um dann nichts weiter mehr tun zu müssen, als diesen Zustand einfach zu genießen und in Hinblick auf weitere chemische Aktivitäten ganz faul zu sein.

<u>Aufgaben:</u>

1. Formulieren Sie bitte die vollständige Reaktionsgleichung, auf die sich Goethe in den „Wahlverwandtschaften" bezieht.
2. Wieso verursacht Natrium eine gelbe Flammenfärbung?
3. Was ist Messing? Was ist ein Amalgam? Warum legiert man Eisen und Kohlenstoff?
4. Was sind Wasserstoffbrückenbindungen?
5. Wie beurteilen Sie die Löslichkeit von Methanol in Wasser?
6. Wieso löst sich Natriumchlorid in Wasser?
7. Was ist chemisch gesehen ein Pflanzenfett bzw. Pflanzenöl?
8. Was bedeutet Aktivierungsenergie?
9. Was bedeuten Enthalpie, Entropie und freie Enthalpie und wie hängen diese Größen formelmäßig zusammen?

5 Sechs mal zehn hoch dreiundzwanzig – Chemisches Rechnen muss auch mal sein

Im Periodensystem steht neben dem Symbol jeden Elementes nicht nur dessen Ordnungszahl, sondern noch eine zweite Zahl, welche die sogenannte molare Masse des Elementes angibt. Beim Kohlenstoff beispielsweise ist das die Zahl 12,01, beim Chlor 35,45.

Was bedeutet das? Nun, machen wir ein Experiment. Zählen Sie bitte genau $6 \cdot 10^{23}$ einzelne Kohlenstoffatome ab und legen Sie diese auf eine Waage – ein zugegebenermaßen schwieriges Unterfangen, denn eine so feine Pinzette zum Greifen der winzigen Atome haben Sie überhaupt nicht, und außerdem können Sie die Atome gar nicht mit bloßen Auge sehen. Aber trotzdem, stellen Sie sich vor, das gelänge. Dann zeigt das Messgerät ein Gewicht von 12,01 Gramm an. Machen Sie ein analoges hypothetisches Experiment und zählen Sie $6 \cdot 10^{23}$ einzelne Chloratome ab – ein noch blödsinnigeres Experiment, denn einzelne Chloratome gibt es gar nicht, weil sich immer zwei Chloratome zu einem zweiatomigen Molekül, Cl_2, verbinden, ... aber vergessen wir das –, dann zeigt die Waage 35,45 Gramm an.

Die Zahl $6 \cdot 10^{23}$ ist die Avogadro-Konstante. Sie wurde nach dem italienischen Physiker *Amadeo Avogadro* benannt und gibt an, wie viele Einzelteilchen sich in einem Mol, das ist die chemische Einheit der Stoffmenge, einer chemischen Substanz befinden. Die molaren Massen der Elemente wurden freundlicherweise im Periodensystem tabelliert, denn sie werden spätestens immer dann benötigt, wenn irgendwelche Ansatz- oder Ausbeuteberechnungen durchgeführt werden müssen.

Wenn man beispielsweise Eisen und Schwefel zu Eisensulfid, das ist eine Verbindung der beiden Elemente mit der Formel FeS, umsetzen will, dann besagt die formale Reaktionsgleichung, dass nicht ein Gramm Eisenpulver mit einem Gramm Schwefelpulver reagiert, sondern ein Atom Eisen mit einem Atom Schwefel. Denn die Atome von Eisen und Schwefel sind unterschiedlich schwer. Wenn nun ein Eisenatom mit einem Schwefelatom reagiert, dann werden mit hoher Wahrscheinlichkeit auch zehn Eisenatome und zehn Schwefelatome so reagieren. Und warum dann nicht auch $6 \cdot 10^{23}$ Eisenatome und $6 \cdot 10^{23}$ Schwefelatome? Die hätten dann ein Gewicht von 55,85 bzw. 32,07 Gramm. Und das sind genau die Zahlen, die im Periodensystem stehen. Für unsere geplante Synthese von Eisensulfid müssen die Ausgangsstoffe Eisen und Schwefel also im Massenverhältnis 55,85/32,07 eingewogen werden.

Eine andere typische chemische Rechenaufgabe lautet: Was wiegen $6 \cdot 10^{23}$ Moleküle Wasser, also ein Mol Wasser? Nun, dazu muss man eigentlich nur wissen, dass Wasser die Formel H_2O hat, sucht sich dann im Periodensystem die molaren Massen von Wasserstoff und Sauerstoff und löst abschließend das ungemein schwierige mathematische Problem, dass
$(2 \cdot 1,01 + 1 \cdot 16,00)$ g/mol = 18,02 g/mol.

Im Wasser stehen die Elemente Wasserstoff und Sauerstoff – wie gesagt – nicht im Massenverhältnis 2/1, sondern im Stoffmengenverhältnis 2/1. Die Massenanteile der beiden Elemente im Wasser kann man aber trotzdem ganz einfach berechnen aus dem Verhältnis der Molmasse des jeweiligen Atoms und der Molmasse der ganzen Verbindung und unter Berücksichtigung der Häufigkeit des Elementes in der Verbindung. Also: Wasser enthält $1 \cdot 16,00/18,02 = 88,79$ Massenprozent Sauerstoff und $2 \cdot 1,01/18,02 = 11,21$ Massenprozent Wasserstoff.

Die molaren Massen spiegeln auch die Zusammensetzung der Atomkerne der einzelnen Elemente wider. Wenn man nämlich die Zahl für die molare Masse um die Ordnungszahl – und die entspricht der Anzahl der Protonen im Kern – vermindert, erhält man die Zahl der Neutronen im Atomkern, denn Protonen und Neutronen sind ungefähr gleich schwer. Zwei Beispiele. Fluor hat mit der Ordnungszahl 9 auch 9 Protonen im Kern und mit der molaren Masse von 19,00 g/mol dann als Differenz der beiden Zahlen 19 – 9 = 10 Neutronen im Kern. Chrom hat mit der Ordnungszahl 24 entsprechend 24 Protonen im Kern und mit der molaren Masse von 52,00 g/mol als Differenz der beiden Zahlen 52 – 24 = 28 Neutronen im Kern.

Die molaren Massen der Elemente sind allerdings nur sehr selten natürliche Zahlen, sondern weichen mehr oder weniger davon ab. Das hängt einmal damit zusammen, dass Protonen und Neutronen doch etwas unterschiedlich schwer sind. Wichtiger aber ist es, dass die meisten Elemente in verschiedenen Isotopen vorkommen. Das sind Teilchen mit gleicher Anzahl von Protonen, aber unterschiedlicher Anzahl von Neutronen. Beim Chlor gibt es beispielsweise ein leichteres Isotop, dessen Kern aus 17 Protonen und 18 Neutronen besteht und das mit 75,77 % natürlicher Häufigkeit vorkommt. Und dann gibt es noch ein schwereres Isotop aus ebenfalls 17 Protonen, aber 20 Neutronen, das mit 24,23 % Häufigkeit in der Natur vorkommt. Daraus berechnet sich dann als gewichteter Mittelwert die molare Masse von Chlor zu 35,45 %. Isotope haben zwar etwas unterschiedliche Massen, aber gleiche chemische Eigenschaften, weil die Chemie durch die Elektronenhülle bestimmt wird, und die ist bei Isotopen gleich.

<u>Aufgaben</u>:

1. Berechnen Sie bitte die molare Masse von Calciumcarbonat.
2. Wieviel festes Natriumhydroxid muss für die Herstellung von einem Liter 0,1-molarer Natronlauge eingewogen werden?
3. Was sind Deuterium und Tritium?
4. Wozu wird das Isotop C-14 benötigt?
5. Wozu wird das Isotop U-235 benötigt? Wie wird es aus der natürlich vorkommenden Pechblende gewonnen?

6 Schwitzen oder frieren? –
Wenn Materie ihren Zustand ändert

Ein reiner Stoff ist u.a. durch seinen Schmelz- und seinen Siedepunkt charakterisiert. Beim reinen Wasser definieren dessen Schmelzpunkt von 0° und Siedepunkt von 100° die Celsius-Temperaturskala. Was geht bei Aggregatzustandsänderungen vor sich?

Betrachten wir zunächst reines, tiefgefrorenes Wasser, das wir Eis nennen. Hier sitzen die einzelnen H_2O-Moleküle auf definierten Gitterplätzen und halten über Wasserstoffbrückenbindungen zusammen. Das sind intermolekulare elektrostatische Wechselwirkungen zwischen einem positiv polarisierten Wasserstoff des einen Wassermoleküls und einem freien Elektronenpaar am negativ polarisierten Sauerstoff eines zweiten Wassermoleküls. Auf ihren Gitterplätzen können die einzelnen Wassermoleküle zwar etwas hin- und herschwingen, wie der Zappelphilipp, der nicht ruhig auf seinem Stuhl sitzt, aber sie können diese Plätze nicht verlassen. Wenn dem Eis aber Wärmeenergie zugeführt wird, bis die Temperatur 0 °C beträgt, bricht die Gitterstruktur auseinander, und die Teilchen, die jetzt nur noch über Wasserstoffbrücken in kleineren Gruppen zusammenhängen, die man auch Agglomerate oder Cluster nennt, werden beweglich. Das Eis schmilzt, und wir haben flüssiges Wasser.

Dieser Phasenübergang geht natürlich auch in die andere Richtung: Wenn man Wasser abkühlt, beginnt bei 0 °C die Kristallisation – das Wasser gefriert, und wir haben Eis.

Bemerkenswert ist es, dass in dem Zweiphasensystem Wasser/Eis, das Eis auf dem Wasser schwimmt. Eis hat nämlich wegen seiner besonderen Kristallstruktur eine geringere Dichte als flüssiges Wasser, in dem die einzelnen Agglomerate sich gegeneinander bewegen können und dabei enger zusammenrücken. Dieses Phänomen bezeichnet man als Anomalie des Wassers, weil die meisten Stoffe sich genau anders verhalten, nämlich, dass ihre flüssige Phase über der festen schwimmt. Überzeugen Sie sich bitte davon durch ein einfaches Experiment: Nehmen Sie Kerzenwachs und erwärmen Sie es langsam in einem Reagenzglas. Das Wachs beginnt zu schmelzen, und das noch nicht geschmolzene Wachs befindet sich auf dem Boden des Gefäßes, während das geschmolzene darüber schwimmt.

Betrachten wir nun Meerwasser aus der Nordsee, das eine ca. 3%ige Natriumchlorid-Lösung ist. Dieses Meerwasser gefriert erst bei ca. -5 °C. Wir haben es hier mit dem Phänomen der Gefrierpunktserniedrigung zu tun. Wie kann man das erklären? Nun, die Natriumkationen und Chloridanionen sind von Wassermolekülen umlagert, man sagt, sie seien hydratisiert, oder man sagt, es liegen Aqua-Komplexe vor. Diese behindern die Ausbildung eines regelmäßigen Eiskristalls. Deshalb muss die Temperatur unter 0 °C sinken, damit die Kristallisation der Wassermoleküle doch noch passiert. Oder umgekehrt, wenn wir tiefgefrorenes Meerwasser haben und es langsam erwärmen, wird es schon unterhalb 0 °C flüssig. Die Kristallstruktur des Eises ist nämlich durch die eingelagerten Ionen verzerrt und deshalb nicht mehr so stabil, sodass weniger thermische Energie ausreicht, um die Struktur zu zerstören.

Wenn das Meer im Winter langsam zufriert, bilden sich Eisschollen – und die schmecken überhaupt nicht salzig. Sie enthalten nämlich gar kein Natriumchlorid – übrigens genauso wie Eisberge, die auf dem Meer schwimmen. Das wird verständlich, wenn man bedenkt, dass beim langsamen Abkühlen der Salzlösung nur H_2O-Moleküle kristallisieren, während das Salz nicht mitkristallisiert, sondern sich in der noch flüssigen Phase anreichert.

Zurück zum reinen Eis. Es wurde eben bereits gesagt, dass dessen Schmelzpunkt 0 °C ist – allerdings nur bei Normaldruck! Was passiert aber, wenn der Druck auf das Eis erhöht wird, zum Beispiel beim Schlittschuhlaufen? Dann schmilzt das Eis bereits bei niedrigerer Temperatur, denn der lokal ausgeübte Druck bewirkt eine mechanische Zerstörung der Kristallstruktur – und der Schlittschuhläufer gleitet auf einem Wasserfilm gemächlich dahin.

Wechseln wir nun vom Schlittschuhlaufen zum Wasserkochen. Reines Wasser siedet bei 100 °C – unter Normaldruck – und geht dabei in die Gasphase über. Der gasförmige Aggregatzustand ist so definiert, dass die einzelnen Gasteilchen keine Wechselwirkung untereinander haben und dass jedes Teilchen sich frei im Raum bewegen kann. Konkret für Wasser bedeutet das, dass die Wasserstoffbrückenbindungen, die wir im flüssigen Wasser noch haben, gebrochen werden müssen – und dazu ist eine ganze Menge thermischer Energie erforderlich.

Wenn man den Wasserdampf weiter erhitzt, auf über 3000 °C, geht die Verbindung H_2O kaputt und zerfällt in die Elemente Wasserstoff und Sauerstoff. Die kovalente Einfachbindung zwischen den beiden Elementen ist also viel stabiler, das heißt viel schwerer zu knacken, als die Wasserstoffbrückenbindung.

Wie der Schmelzpunkt einer Verbindung, so ist auch ihr Siedepunkt druckabhängig. Bei erhöhtem Druck, wie er beispielsweise in einem Dampfkochtopf herrscht, siedet Wasser erst oberhalb von 100 °C. Der Druck presst die Wassermoleküle stark zusammen, so dass mehr thermische Energie erforderlich ist, um sie voneinander zu trennen. Umgekehrt siedet Wasser bei vermindertem Druck bereits unterhalb von 100 °C. Wenn nämlich weniger Teilchen in der Gasphase sind, fällt es den Molekülen im flüssigen Wasser leichter, sich voneinander zu trennen und in die Gasphase zu springen.

Kommen wir noch einmal zum Meerwasser zurück. Dieses siedet nicht bei 100 °C, sondern erst ein paar Grad darüber. Hier haben wir es mit dem Phänomen der Siedepunktserhöhung zu tun, das folgendermaßen erklärt werden kann: Die im Wasser gelösten Ionen binden Wassermoleküle an sich, sodass eine zusätzliche Wärmeenergie erforderlich ist, um die komplexchemische Bindungsenergie zu brechen und die Wassermoleküle zu befreien, damit sie in die Gasphase springen können.

Der Umkehrvorgang des Siedens ist das Kondensieren: Wird gasförmiges Wasser abgekühlt, so wird es flüssig. Das Sieden und Kondensieren wird gerade in der Chemie sehr häufig ausgenutzt, und zwar bei der Destillation. Wenn man zum Beispiel aus einem Salzwasser reines Wasser gewinnen möchte, bringt man das salzige Wasser in einem Kolben zum Kochen und leitet das gasförmige Wasser in einen Kühler, wo es wieder flüssig wird. Das Salz verbleibt im Destillationskolben. Eine geniale Stofftrennung – allerding sehr energieintensiv, denn man muss das Salzwasser ja kräftig erhitzen.

Was passiert eigentlich, wenn wir schwitzen? Wir sondern Wasser ab, das auf unserer Haut verdunstet. Für diesen Übergang in die Gasphase müssen – wie bereits diskutiert – Wasserstoffbrückenbindungen gebrochen werden. Dazu ist Energie erforderlich, die unserem Körper entzogen wird – wir fangen also an zu frieren.

Bislang haben wir den stufenweisen Übergang vom festen zum flüssigen und dann zum gasförmigen Aggregatzustand besprochen bzw. die umgekehrte Richtung. Nun gibt es aber auch noch den direkten Übergang vom festen in den gasförmigen Zustand und umgekehrt. Beispielsweise ist ein Schneefeld nach ein paar Tagen verschwunden, obwohl die Temperatur ständig unter 0 °C war. Der Schnee ist also nicht geschmolzen und als Wasser weggeflossen, sondern direkt zu gasförmigem Wasser geworden. Diesen Vorgang bezeichnet man als Sublimation. Und wie erklärt man die zugefrorene Autoscheibe im kalten Winter, wenn es trotzdem nicht geregnet oder geschneit hat? Nun, gasförmiges Wasser in der Luft ist an der kalten Autoscheibe direkt fest geworden. Diesen Phasenübergang nennt man Resublimation.

Es ist schon faszinierend, dass Wasser zwar immer die Formel H_2O besitzt, aber trotzdem so viele verschiedene Gesichter hat. Eis, flüssiges Wasser und Wasserdampf sind völlig verschiedene Stoffe mit komplett anderen Eigenschaften. Wagen wir einen Vergleich. Wie sieht es mit uns Menschen aus? Stecken wir nicht immer in unserem Körper, sind aber manchmal ein Genie und manchmal ein Vollidiot, manchmal total liebenswert und manchmal ein Kotzbrocken und Ekel?

<u>Aufgaben</u>:

1. Wodurch unterscheidet sich die kovalente H-O-Bindung im Wasser von der kovalenten Bindung im Diwasserstoff, H_2?
2. Beschreiben Sie bitte den Reaktionsablauf, wie und warum sich ein Kochsalzkristall in Wasser auflöst?
3. Erklären Sie bitte, wie das Salz-Streuen im Winter wirkt.
4. Welche Lösung hat den höheren Siedepunkt und warum: eine 1%ige NaCl-Lösung (Ostsee-Wasser) oder eine 3%ige NaCl-Lösung (Nordsee-Wasser)?
5. Was empfinden wir, wenn wir uns ein Parfum auf die Haut sprühen? Geben Sie bitte eine Erklärung.
6. In einer Stoffportion Wasser bewegen sich die einzelnen Teilchen unterschiedlich schnell und haben damit auch unterschiedliche kinetische Energien, was sich mathematisch mit einer Verteilungsfunktion beschreiben lässt. Erklären Sie damit bitte, warum heißes Wasser schneller verdunstet als kaltes.
7. Erklären Sie bitte, warum ein nasses Handtuch auf der Wäscheleine im Wind schneller trocknet, als wenn Sie es nass in den Kleiderschrank hängen.

7 Ein Menschenrecht –
Trinkwasser, Abwasser, Lebenselixier

Die Organisation „Brot für die Welt" hat mit ihrer Aktion „Wasser ist Menschenrecht" maßgeblich dazu beigetragen, dass es in die Menschenrechtscharta der Vereinigten Nationen aufgenommen wurde, dass jeder Mensch ein Recht auf ausreichendes und sauberes Trinkwasser hat. Denn Wasser ist ein Lebenselixier. Es ist zwar richtig, dass der Mensch nicht *allein* vom Wasser leben kann, aber mit noch höherer Gewissheit kann man sagen, dass er *ohne* Wasser nicht die geringste Chance zum Überleben hat.

Es gibt zwar riesige Mengen Wasser auf der Erde, aber nur relativ wenig Wasser, das direkt getrunken werden kann. Deshalb spielt die Trinkwassergewinnung eine fundamental wichtige Rolle. Und dabei ist allerhand Chemie im Spiel. Schauen wir uns einmal an, wie Trinkwasser aus einem großen Fluss, sagen wir dem Rhein, zubereitet wird.

1. Der erste Schritt ist, dass das Wasser über einen Sandfilter geleitet wird, um grobe Teile, die von Wasser mitgespült werden, zu entfernen, zum Beispiel Plastikflaschen, Klopapier oder tote Fische.

2. Dann folgt die Desinfizierung des Wassers, denn natürliches Wasser ist immer mehr oder weniger mit Bakterien und Viren belastet, die Krankheitserreger sein können und oft auch sind. Klassisch wird mit Chlor desinfiziert, zunehmend mit Ozon.

3. Der dritte Verfahrensschritt dient der Klärung des Wassers. Ein Fließgewässer transportiert nämlich jede Menge Schwebstoffe; das sind im Wesentlichen organischer Schlamm und anorganischer Sand, die das Wasser trüb machen, was natürlich nicht sonderlich appetitlich aussieht. Wenn man dem Wasser aber Eisen- oder Aluminium-sulfat zusetzt, werden diese Salze langsam zu Eisen- bzw. Aluminiumhydroxid hydrolysiert. Und das sind wasserunlösliche Verbindungen, die sehr voluminöse Flocken bilden. Vorteilhaft daran ist, dass in diesen großen Flocken die kleinen Schwebeteilchen, die sich im Wasser als Verunreinigungen befinden, eingeschlossen werden, nach dem Motto: „Die Großen fressen die Kleinen." In einem trichter-

förmigen Absatzbecken, sinken die Flocken nach unten und werden dort als kompakter Schlamm abgezogen, während das überstehende Wasser klar ist.

4. Nun können im Wasser noch gelöste Schadstoffe enthalten sein. Deshalb wird das Wasser über einen Turm mit gekörnter Aktivkohle geleitet, an deren großer innerer Oberfläche insbesondere organische Stoffe gut adsorbiert werden. (Diesen Reinigungseffekt kennen Sie vermutlich von der medizinischen Aktivkohle aus Ihrer Hausapotheke. Wenn Sie sich den Magen verdorben haben, hilft oft eine Aktivkohle-Tablette. Die Schadstoffe, die Sie sich einverleibt haben, werden an der Kohlenoberfläche gebunden. Am nächsten Tag gibt es einen schwarzen Schiss – und die Welt ist wieder in Ordnung.)

5. Wenn das Wasser sehr reich an Calcium und an Hydogencarbonat ist, ist das zwar eigentlich gesund, weil wir Calciumionen insbesondere für unseren Knochenbau benötigen, hat aber den großen Nachteil, dass aus diesem sogenannten harten Wasser beim Erhitzen schwerlösliches Calciumcarbonat ausfällt. Die Waschmaschine oder Kaffeemaschine verkalkt dann sehr rasch und muss aufwändig gereinigt werden. In dem Fall nehmen die Wasserwerke in der Regel eine partielle Entkalkung vor, indem Sie die Calciumionen als Calciumsulfat – das ist Gips – oder Calciumcarbonat – das ist Kalkstein – ausfällen.

6. Abschließend wird noch eine Sicherheitschlorung vorgenommen. Denn das Wasser muss vom Wasserwerk nicht selten über mehrere Kilometer durch Rohrleitungen zum Endverbraucher gepumpt werden. Dabei ist nie ganz auszuschließen, dass über die Wasserleitungen Bakterien ins Wasser eindringen. Um solch eine Reinfizierung zu vermeiden, wird dem Wasser etwas Chlor zugesetzt. Damit ist das Wasser konserviert.

Trinkwasser kann auch aus Meerwasser gewonnen werden. Dazu muss es aber – bevor die gerade beschriebenen Reinigungsschritte durchgeführt werden – erst entsalzt werden. Das kann durch Destillation geschehen, was sehr gut funktioniert, aber leider sehr energieintensiv ist, oder durch einen Umkehrosmose-

Prozess, bei dem das Wasser unter einem Druck von etwa 80 bar durch eine Membran gepresst wird. Deren feine Poren lassen nur die kleinen Wassermoleküle durch, während die viel größeren Aqua-Komplexe des Natriums und des Chlorids nicht durch die Poren passen.

Die Menschheit benötigt täglich eine riesige Menge Trinkwasser und produziert eine noch viel größere Menge Abwasser. Das muss professionell gereinigt werden, bevor es in ein natürliches Gewässer eingeleitet wird. Man unterscheidet dabei zwischen Industrieabwasser und kommunalem Abwasser.

Ein Abwasser aus einem Industriebetrieb ist dahingehend oft problematisch, dass es giftig ist. Es ist aber gleichzeitig auch unproblematisch, weil man genau weiß, was in dem Wasser drin ist und in welcher Menge, sodass man die Abwasserbehandlungsmethode auf die Wasserinhaltsstoffe maßschneidern kann. Wenn in einem Galvanikbetrieb beispielsweise Modeschmuck vernickelt wird, damit er aussieht wie Gold, weiß man, dass im Abwasser Nickelionen und Cyanidionen als Hilfsliganden enthalten sind. Das Nickel kann man als schwerlösliches Nickelsulfid ausfällen und das Cyanid mit Wasserstoffperoxid zu ungiftigem Cyanat oxidieren. Oder wenn in einem Betrieb Azofarbstoffe hergestellt werden, dann kann man das im Abwasser enthaltene sehr gifte Nitrit mit Wasserstoffperoxid zu mindergiftigen Nitrat oxidieren und die Farbstoffreste an Aktivkohle adsorbieren. *Fazit:* Man muss einfach ein paar Jahre Chemie studieren und besitzt dann genügend Stoffkenntnisse, um genau zu wissen, wie man welchen Stoff durch welche chemische Reaktion entgiften kann. Im Prinzip ist Umweltschutz also ganz einfach.

Ein kommunales Abwasser ist meistens nicht sonderlich giftig, besitzt dafür aber Tausende von Inhaltsstoffen mit unbekannter Konzentration. Bedenken Sie bitte nur einmal, was Sie zuhause alles in die Kanalisation spülen: Essenreste, Fäkalien, Reinigungsmittel, Waschmittel, Seifen, Shampoos, Kosmetika …. In der Kläranlage kommt dieses Sammelsurium zunächst in ein sogenanntes Belebungsbecken, in das von unten kräftig Luft gepustet wird, so dass es aussieht wie ein riesiger Whirlpool. Darin befinden sich gezüchtete Bakterien, die den größten Teil der organischen Wasserinhaltsstoffe auffressen und oxidativ – deshalb die eingeblasene Luft als Sauerstofflieferant – zu ungiftigem Kohlenstoffdioxid und Wasser verstoffwechseln. Organische Stickstoffverbindungen, die wir zum Beispiel in Proteinen oder im Harnstoff finden, werden ebenfalls von Bakterien oxidativ verdaut, und zwar zu Nitrat. Deshalb bezeichnet man diesen aeroben Prozess auch als Nitrifikation. Da die Bakterien im Belebungsbecken mit leckerem Abwasser gefüttert werden, vermehren sie sich kräftig, sodass ihre Masse in Reaktor zunimmt. Nach einer gewissen Zeit wird das Wasser deshalb in ein sogenanntes Nachklärbecken geleitet, wo es ruhig steht und wo sich der Bakterienschlamm absetzen kann. Da jetzt keine Luft mehr eingeblasen wird, herrscht recht bald ein Sauerstoffmangel, sodass eine weitere Bakterienart aktiv wird, die dem im Wasser gelösten Nitrat den Sauerstoff für ihre Stoffwechselprozesse entzieht, sodass harmloser Stickstoff übrigbleibt, wie wir ihn in auch in der Luft finden. Diesen Teilprozess nennt man Denitrifikation. Bakterien sind also ganz wichtige Helfer im Umweltschutz.

Wir sehen, dass man Abwasser grundsätzlich ordentlich reinigen kann. Man muss es nur tun! Doch in der Tat haben viele, vor allem die armen Länder, für die aufwändige Verfahrenstechnik gar nicht das Geld und das Know How, und manche Industriebetriebe der reichen Länder haben ihre Produktionsanlagen bewusst in die Dritte Welt verlagert, um dort die Kosten für die Wasseraufbereitung zu sparen und das dreckige Wasser einfach wegzuschütten. Das nennt man dann Neo-Kolonialismus.

Und die Trinkwasserknappheit wird zusätzlich durch die Erderwärmung immer größer. Kein Wunder, dass es um den Zugang zum Wasser immer mehr Kriege gibt. Anders ausgedrückt: Umweltschutz ist die beste friedensstiftende Maßnahme.

<u>Aufgaben</u>:

1. Wie werden die Desinfektionsmittel Chlor bzw. Ozon hergestellt?
2. Wie wird Aktivkohle hergestellt?
3. Welche Formel hat Aluminiumhydroxid?
4. Formulieren Sie bitte die Reaktionsgleichung für das Calcium-hydrogencarbonat/-carbonat-Gleichgewicht.
5. Was versteht man unter Osmose und osmotischen Druck?
6. Formulieren Sie bitte die vollständige Reaktionsgleichung für die Entgiftung von Cyanid bzw. von Nitrit mit Wasserstoffperoxid. Ist das so entgiftet Wasser bereits ein Trinkwasser?
7. Im Haushaltsabwasser befinden sich u.a. Seifen, Fette, Proteine, Harnstoff ... Was sind das für chemische Stoffe?

8 Gut gemeint ist nicht immer gut gemacht – Ozonkiller und andere fiese Chemikalien

Man dachte, mit der Herstellung von Dichlordifluormethan, CCl_2F_2, eine großartige Erfindung gemacht zu haben. Aber die Sache ist dumm gelaufen.

Nun, die Verbindung eignet sich hervorragend als Treibgas für Haarsprays oder Sprühsahne oder zum Aufschäumen von Kunststoffen sowie als Kühlmittel für Kühlschränke. Sie hat also sehr nützliche anwendungstechnische Eigenschaften. Vor allem auch, weil sie trotz ihres furchterregenden Namens, in dem Chlor und Fluor vorkommen, für uns Menschen völlig harmlos ist. Wir können die Verbindung einatmen, und wir atmen sie wieder aus – nichts passiert, denn die in der Verbindung vorliegenden Kohlenstoff-Fluor- und Kohlenstoff-Chlor-Bindungen sind so stabil, dass sie unter Normalbedingungen keine chemischen Reaktionen eingehen. Wenn die Sahne aber versprüht und der Kühlschrank kaputt ist, verteilt sich die Verbindung in der Luft. Langsam, aber sicher, gelangt sie in ca. 30 Kilometer Höhe über die Polkappen der Erde. Es ist nur eine Frage der Zeit. Und hier passiert jetzt etwas, womit niemand gerechnet hat. Die intensive UV-Strahlung, die dort oben in der Atmosphäre herrscht, ist so energiereich, dass sie eine Kohlenstoff-Chlor-Bindung des Treibgases in der Mitte zerhackt. Dabei entsteht u.a. ein Chloratom.

Was ist schlimm daran? Zufälligerweise befindet sich in dieser Höhe über der Erde eine Ozonschicht. Ozon ist eine besondere Modifikation des Sauerstoffs, in der – anders als im Disauerstoff, den wir einatmen – *drei* Sauerstoffatome miteinander verknüpft sind. Dieses Ozon ist ein wichtiger UV-Filter; es absorbiert nämlich einen Großteil der sehr energiereichen Strahlung, die von der Sonne kommt. Ohne die Ozonschicht würden wir einen ganz schönen Sonnenbrand bekommen – und andere Lebewesen auch.

Vielleicht erkennen Sie jetzt schon die Problematik. Ozon und Dichlordifluormethan sind beide UV-aktiv, und wenn sie zusammentreffen, kann das photochemisch erzeugte Chlor das Ozon angreifen und zu Chloroxid und Disauerstoff zersetzen. So entsteht in der Atmosphäre ein Ozonloch, womit der Sonnenschutz für die Erde verloren geht.

Das hätte für das Leben auf der Erde tödlich enden können, wenn es nicht einigen Atmosphärenchemikern, u.a. Prof. *Paul*

Crutzen vom Mainzer Max-Planck-Institut für Chemie, gelungen wäre, die hier geschilderte Ursache für das riesige Ozonloch über der Antarktis und das etwas kleinere über der Arktis aufzuklären, so dass die weitere Verwendung von Dichlordifluormethan verboten wurde. Seit das Verbot 1989 weltweit in Kraft getreten ist, regeneriert sich die Ozonschicht wieder. Wir können also sagen: „Noch mal Glück gehabt!"

Es gibt einige andere Geschichten, die zeigen, dass chemische Erfindungen erst für gute Zwecke genutzt wurden, später aber ungewollte Schäden nach sich zogen, die man anfangs gar nicht für möglich gehalten hätte. Hier sollen nur kurz zwei bekannte Geschichten ergänzt werden, die zeigen, dass Technikfolgeabschätzungen sehr schwer sein können und manchmal sogar unmöglich sind.

Zunächst DDT. Das ist die Abkürzung für das Pflanzenschutzmittel Dichlordiphenyltrichlorethan, das in den 50er und 60er Jahren des letzten Jahrhunderts sehr erfolgreich zur Bekämpfung der Anophelesmücke eingesetzt wurde, welche die Krank-heit Malaria überträgt. Millionen Menschen wurde dadurch das Leben gerettet. Eine riesige Erfolgsgeschichte, soweit. Doch aufgrund seiner Hydrolysestabilität und Fettlöslichkeit verteilte sich DDT über die Nahrungskette auf der ganzen Welt und führte zu einer schleichenden Vergiftung vieler Ökosysteme. Des Weiteren förderte das Insektizid die Resistenzbildung bei den Mücken, sodass die Malaria-Krankheit bis heute immer wieder neu ausbrechen konnte.

Abschließend ein Beispiel aus der Medizin, dass das Nicht-Vorhersagbare trotzdem passieren kann. Das in der Schmerztherapie verwendete Morphium wurde 1955 durch eine Diacetylierung chemisch leicht verändert, sodass es einfacher appliziert werden konnte und schneller und effektiver wirkte. Ein Erfolg, für die Medizin. Leider geriet dieses neue Medikament in falsche und kriminelle Kanäle und führte bislang schon tausende Menschen in den Tod. Ein Ende ist nicht abzusehen. Das diacetylierte Morphin heißt Heroin.

<u>Aufgaben</u>:

1. Wie wird Ozon technisch hergestellt?
2. Zeichnen Sie bitte die Resonanzstrukturen des Ozons.
3. Wieso ist Ozon deutlich reaktiver als Disauerstoff?
4. Wann entsteht Ozon auch in Bodennähe?

5. Technikfolgeabschätzung: Welche langfristige „Freude" bringt die Stromerzeugung in Kernkraftwerken mit sich?

9 Wenn der Blitz zuschlägt – Über Stickoxide und Add Blue

Im Zentrum eines Blitzes herrschen Temperaturen um die 20.000 °C. Da verwundert es nicht, dass alles, was der Blitz trifft, atomisiert wird. In der Luft werden N_2-Moleküle zu Stickstoffatomen, genauso wie O_2-Moleküle zu Sauerstoffatomen werden. Diese Atome treffen sich dann und werden zu NO-Molekülen. Stickstoffmonoxid ist ein farbloses, hochtoxisches Gas. Es ist allerdings nicht sonderlich stabil und wird bei Temperaturen unter 200 °C, wenn es sich also abgekühlt hat, rasch zum Stickstoffdioxid, NO_2, weiteroxidiert. Das ist ein braunes, ebenfalls giftiges Gas. Es ist mäßig stabil, reagiert aber doch recht bald mit Sauerstoff und Luftfeuchtigkeit weiter zur Salpetersäure, HNO_3. Die kommt dann irgendwann als salpetersaurer Regen auf die Erde runter – was man positiv als eine natürliche Nitratdüngung aus der Luft deuten sollte.

Stickstoffmonoxid entsteht aber nicht nur bei Gewittern, sondern auch in einen ganz normalen Verbrennungsmotor eines Autos. Dort wird Benzin, das ist ein Gemisch vieler Kohlenwasserstoffe, mit Sauerstoff verbrannt, wobei Temperaturen bis 1600 °C auftreten und die gasförmigen Verbrennungsprodukte Kohlenstoffmonoxid bzw. Kohlenstoffdioxid und Wasser entstehen; diese expandieren und treiben dabei den Motor an. Der für die Benzinverbrennung erforderliche Sauerstoff wird aber nicht in reiner Form in den Motor eingespeist – das wäre viel zu teuer – sondern in Form von Luft, die man zum Nulltarif bekommt und einfach nur ansaugen muss. Und damit kommt der Stickstoff ins Spiel. Denn die Bildung von Stickstoffmonoxid erfordert nicht unbedingt 20.000 °C wie beim Blitzschlag, sondern es reichen schon 1000 °C zur Aktivierung, und die werden im Motor erreicht. Als Nebenprodukt der Benzinverbrennung entsteht also auch dieses toxische Stickoxid, das beim Abkühlen zu braunem NO_2 weiteroxidiert wird. Aus dem Auspuff kommt folglich ein Gasgemisch von CO, CO_2, H_2O, NO, NO_2 und unverbranntem Benzin sowie teilweise verbranntem Benzin in Form von Ruß raus. Eine nicht gerade freundliche Mischung. Kein Wunder, dass sich dort, wo viel Straßenverkehr herrscht, sprichwörtlich „dicke Luft" bildet, die von den Menschen eingeatmet wird und zu Lungenerkrankungen führen kann, die nicht selten einen tödlichen Verlauf nehmen.

Doch die Situation ist nicht ganz so dramatisch, wenn man bedenkt, dass es effektive Methoden zur Autoabgasreinigung gibt.

Da ist einmal der *Drei-Wege-Katalysator*, der bei Autos verwendet wird, die mit Normalbenzin betankt werden. Der Name Drei-Wege-Katalysator ist allerdings irreführend, weil er nicht drei Wege hat, sondern drei Funktionen. Das aus dem Motorblock strömende Abgasgemisch wird über einen porösen Zeolith, das ist ein vernetztes Alumosilicat mit ausgeprägter Hohlraumstruktur, geleitet, auf dessen Oberfläche Platin sitzt. Das ist der eigentliche Katalysator, der dafür sorgt, dass restliches Benzin nahezu quantitativ verbrannt wird und dass die giftigen Gase CO und NO miteinander reagieren, wobei der Sauerstoff vom Stickstoff auf den Kohlenstoff übertragen wird, sodass ungiftiges CO_2 entsteht und ein Stickstoffatom übrigbleibt, das sofort mit einem zweiten Stickstoffatom zu ungiftigem N_2 dimerisiert.

Und dann gibt es die *Add Blue-Technologie*, die bei Dieselmotoren zum Einsatz kommt. Hier werden die im Abgasstrom enthaltenen Stickstoffoxide mit Harnstoff zur Reaktion gebracht, wobei die harmlosen Produkte N_2, CO_2 und H_2O entstehen.

Das ist wirklich toll. Nur nützt es nichts, wenn die Software, welche die Dosierung der Harnstofflösung in den Abgasstrom regelt, im Normalbetrieb des Autos einfach abgeschaltet wird, um das nicht ganz billige Additiv zu sparen, in der Werkstatt beim TÜV aber den Motorenprüfstand automatisch erkennt, folglich die korrekte Harnstoff-Dosierung einschaltet und so die grundsätzliche Funktionsfähigkeit des Systems unter Beweis stellt. Dumm gelaufen, dass der Schindel aufgeflogen ist. Wiedergutmachen kann man den entstandenen Schaden aber ganz einfach durch großzügige staatliche Unterstützung der Autoindustrie in Form von Abwrackprämien für Dieselfahrzeuge und millionenschwere Subventionen für die Entwicklung von Elektromotoren, die ja so umweltfreundlich sind und bei denen es gar keine Rolle spielt, dass das für die Batterien erforderliche Lithium und Kobalt Konfliktrohstoffe der „feinsten Art" sind.

Aufgaben:

1. Was bedeutet „Volumenarbeit"?
2. Verdeutlichen Sie bitte mit Resonanzstrukturen, warum NO und NO_2 Radikale sind.
3. Es gibt ein Stickstoffoxid mit der Formel N_2O_3. Können Sie sich vorstellen, wie es entsteht und welche Struktur es hat?
4. Wie wird Salpetersäure im industriellen Maßstab hergestellt?
5. Was ist Harnstoff (Formel)?
6. Formulieren Sie bitte die vollständigen Reaktionsgleichungen für die Entgiftung von NO bzw. NO_2 mit Harnstoff.
7. Wieso werden in einer Batterie für Elektroautos die Elemente Lithium und Kobalt verwendet und wieso sind das sogenannte Konfliktrohstoffe? (Siehe dazu auch Kapitel 13.)

10 Ausatmen verboten – Eine praktikable Maßnahme gegen den Treibhauseffekt?

Obwohl Kohlenstoffdioxid in der Luft nur einen bescheidenen Anteil hat, ist es von fundamentaler Bedeutung für die Regelung der Erdtemperatur. CO_2 ist nämlich ein IR-Absorber. Was bedeutet das? Die Sonne schickt eine ganze Menge Energie auf die Erdoberfläche, wovon allerdings nur ein kleiner Teil gebraucht wird. Der Rest muss ins All reflektiert werden, denn sonst würde sich die Erde überhitzen und ein Leben in der jetzigen Form wäre nicht möglich. Die Reflektion der Energie erfolgt hauptsächlich in Form von Infrarotstrahlung. Infrarotlicht ist weniger energiereich als visuelles Licht; wir können es mit unseren Augen nicht wahrnehmen, aber in Form von Wärme spüren. Deshalb wird Infrarotstrahlung auch Wärmestrahlung genannt. Triff IR-Strahlung auf ein CO_2-Molekül, so wird sie davon absorbiert und versetzt das Molekül in Bewegung. Das IR-Licht verursacht beim CO_2 symmetrische und asymmetrische Streck- und Biegeschwingungen – das CO_2 fängt quasi an zu turnen. Damit entweicht die Energie nicht ins All, sondern bleibt in der Atmosphäre erhalten, wie in einem Treibhaus.

Momentan beträgt der CO_2-Gehalt der Luft ungefähr 400 ppm, das sind 400 CO_2-Moleküle unter insgesamt einer Millionen Luftteilchen. Im Laufe der Erdgeschichte hat der Gehalt an Kohlenstoffdioxid in der Atmosphäre geschwankt: War er deutlich niedriger, herrschte eine Eiszeit, war er deutlich höher, gab es eine Heißzeit – mit jeweils unterschiedlichen Lebensformen. Seit gut 200 Jahren und in besonderem Maße seit der Zeit nach dem Zweiten Weltkrieg setzen wir Menschen immer mehr Kohlenstoffdioxid frei, sodass wir uns – wenn das so weitergeht – in die Richtung einer neuen Heißzeit bewegen, die in letzter Konsequenz unseren Exitus zu Folge haben kann. Andere Lebewesen, die es jetzt noch gar nicht gibt, warten schon darauf, dass wir Menschen endlich verschwinden, genauso wie wir froh sind, dass die Dinos verschwunden sind, denn gegen einen T-Rex hätten wir wenig Chancen gehabt.

Wie kam bzw. kommt es zu diesem CO_2-Anstieg? Nun, die Menschheit ist kräftig gewachsen und atmet immer mehr CO_2 aus. Also: Sollten wir einfach die Luft anhalten und mit dem Ausatmen aufhören und das ganze Problem mit der Erderwärmung wäre gelöst? Na ja, das ist wohl nicht so praktikabel. Natürlich ist die Übervölkerung der Erde ein riesiges Problem, aber nicht wegen der CO_2-Mengen, welche die gesamte Menschheit bei ihrem Stoffwechsel ausatmet. Das sind nämlich Peanuts im Vergleich zu den CO_2-Mengen, die bei der Anfeuerung des zunehmenden Wohlstandes der Menschheit erzeugt wurden und immer noch werden.

„Anfeuerung" ist hier das passende Wort. Die industrielle Entwicklung seit gut 200 Jahren war nämlich nur möglich, weil fossile Rohstoffe, die im Laufe von Millionen Jahren aus ehemaligen Lebewesen entstanden sind, in immer größeren Mengen verfeuert wurden. Die Verbrennung von Kohle, Erdöl und Erdgas sind exotherme Prozesse. Die dabei freigesetzte Wärmeenergie kann direkt genutzt oder in andere Energieformen, insbesondere mechanische Energie und elektrischen Strom, umgewandelt und dann für andere Zwecke verwendet werden. Wenn man die vollständigen Reaktionsgleichungen für die Verbrennung fossiler Rohstoffe aufschreibt, stellt man fest, dass dabei immer CO_2 entsteht. Ist die Erderwärmung dann einfach als ein Kollateralschaden der Energiewirtschaft zu betrachten?

Schauen wir uns einmal etwas genauer an, wo besonders großen Mengen CO_2 entstehen.

- Wie gesagt, in ersten Linie in den Verbrennungskraftwerken, wo fossile Rohstoffe für die Stromerzeugung verbrannt werden.
- Dann im Transportwesen: Autos, Schiffe und Flugzeuge werden durch das Verbrennen von Erdölfolge-

produkten – Otto-Kraftstoff, Diesel, Kerosin – angetrieben.

- Als nächstes bei der Gebäudeheizung – Ölheizung, Gasheizung, Kohleofen.
- Weiterhin bei der Müllverbrennung. Gut, der Müll muss weg, falls er nicht auf sinnvolle Weise recycelt werden kann.
- Die Herstellung von Kunstdüngern sollte man auf keinen Fall vergessen. Wieso? Nitrat, der wichtigste Inhaltsstoff von Düngern, wird aus Ammoniak und der wird aus Wasserstoff und Stickstoff gewonnen. Der Stickstoff wiederum kommt aus der Luft, und die muss mit riesigem Energieaufwand in Form von Strom aus der fossilen Verbrennung in ihre Bestandteile zerlegt werden.
- Wo wir gerade beim Thema Landwirtschaft sind: Fatal sind Brandrodungen mit denen man zwar kurzfristig fruchtbaren Boden gewinnen kann, dafür aber gewaltige CO_2-Emission in Kauf nimmt und außerdem mit den Bäumen, die man verbrennt, die wichtigsten CO_2-Senken vernichtet, weil sie über die Fotosynthese CO_2 aus den Luft entnehmen und in Biomasse umwandeln.
- Schließlich müssen die vielen industriellen Chemieprozesse bedacht werden, bei denen endotherme Reaktionen ablaufen; wo man also erst einmal kräftig heizen muss, damit überhaupt etwas passiert. Beispielsweise beim Kalkbrennen in der Bauindustrie, das heißt bei der thermischen Zersetzung von Calciumcarbonat, die bei 1000 °C abläuft und neben dem gewünschten Calciumoxid, den man Brandkalk nennt, auch noch CO_2 in die Atmosphäre freisetzt. Oder bei der Eisenherstellung. Dazu muss der Hochofen erst auf 2000 °C geheizt werden, bevor die carbothermische Reduktion von Eisenoxid überhaupt einsetzt und neben dem gewünschten Eisen das Treibhausgas CO_2 in die Luft bläst.

Wie die Beispiele zeigen, atmen die Industriegesellschaften irre Mengen Kohlenstoffdioxid aus, vielmehr jedenfalls als die Menschen bei ihrem lebensnotwendigen biochemischen Stoffwechsel. Die CO_2-Emissionen aus der Industrie, aus dem Verkehr und Bauwesen sowie aus der Landwirtschaft müssen ganz erheblich reduziert werden, wenn wir einen Klimawandel und schlussendlich unseren Klimatod vermeiden wollen. Also: Weg mit der Energiebereitstellung durch Verbrennungsprozesse und hin zur direkten Nutzung bzw. Umwandlung der Sonnenenergie, die uns im riesigen Überschuss und zum Nulltarif zur Verfügung steht. Zwar nicht bis in alle Ewigkeit, denn irgendwann wird die Sonne als Supernova explodieren, aber bis dahin haben wir ja noch ein paar Jährchen Zeit. Wir sollten den erforderlichen energetischen Transformationsprozess unserer Gesellschaft allerdings sehr schnell, mit viel Elan und konsequent angehen und erledigen, sonst ist es zu spät.

Aufgaben:

1. Informieren Sie sich bitte über das elektromagnetische Spektrum.
2. Was ist Infrarot-Spektroskopie?
3. Beschreiben Sie bitte mit einer repräsentativen Reaktionsgleichung, warum wir Menschen Kohlenstoffdioxid ausatmen.
4. Formulieren Sie bitte die vollständigen Reaktionsgleichungen für die Verbrennung von Kohlenstoff (Hauptbestandteil der Kohle), Heptan (einem typischen Bestandteil des Erdöls) und Methan (Erdgas).
5. Formulieren Sie bitte die Reaktionsgleichung für das sogenannte Kalkbrennen.
6. Beschreiben Sie bitte die wesentlichen Aspekte der Eisenherstellung beim Hochofenprozess.

11 Schaffe, schaffe, Häusle baue – Hoffentlich nicht nur auf Sand gebaut

Bestimmt erinnern Sie sich noch an ihre Sandkastenzeit, als Sie Ihre Traumburg gebaut haben. Den Sand haben Sie mit etwas Wasser angefeuchtet, sodass er sich mit Eimerchen und Förmchen gut gestalten ließ. Alles wurde schön glattgestrichen und mit ein paar Muscheln oder hübschen Steinen und Playmobil-Figuren verziert. Vielleicht gibt es noch ein Foto von Ihrem ersten Bauwerk.

Am nächsten Tag war die Enttäuschung vermutlich groß, und vielleicht ist ein Tränchen geflossen, denn die Burg sah ziemlich verfallen aus; Teile davon waren sogar eingestürzt. Was war über Nacht passiert? Der Sand war getrocknet; und die einzelnen Sandkörner halten nun mal nicht gut zusammen, im Gegenteil: sie zerrieseln. Was haben Sie daraus gelernt? Sand *alleine* ist *kein* geeignetes Baumaterial.

Lassen Sie uns einmal überlegen, was geeignete Baumaterialien sind.

Sand ist dahingehend gut, dass er ein hartes und sehr widerstandsfähiges Material ist. Chemisch gesehen ist Sand weitgehend reines Siliziumdioxid, SiO_2, in dem jedes Siliziumatom von vier Sauerstoffatomen umgeben ist, die in den Ecken eines Tetraeders sitzen und gleichzeitig die Brücke zu einem nächsten Siliziumatom bilden. So entsteht ein unendliches dreidimensionales Netzwerk mit tetraedrischen Grundbausteinen. Einzelne Sandkörner kann man mit Zement, der u.a. Brandkalk enthält, oder mit Baugips quasi verkleben. Wie funktioniert das?

Brandkalk entsteht beim Erhitzen von Kalkstein auf 1000 °C. Dabei geht das Calciumcarbonat kaputt und es bleibt Calciumoxid zurück, während CO_2 in die Luft entweicht. Calciumoxid ist ein stark basischer Stoff. Wenn man Wasser zugibt, bildet sich in einer exothermen Reaktion Calciumhydroxid, das man in der Bauindustrie als gelöschten Kalk bezeichnet. Im Betonmischer wird der gelöschte Kalk mit Sand vermengt und dann im feuchten Zustand appliziert. Nun heißt es zu warten. Denn die Mischung nimmt aus der Luft Kohlenstoff-dioxid auf, mit dem sich das Calciumhydroxid zu Calciumcarbonat verbindet. Die Reaktion verläuft nach dem Motto „Zurück zur Natur", denn anfangs wurde dem Kalkstein das CO_2 ausgetrieben, jetzt wird es aber aus der Luft zurückgeholt, und der Kalkstein ist recycelt. Calciumcarbonat bildet – wenn es so wie gerade beschrieben entsteht – sehr große, nadelförmig und verwachsene Kristalle, welche die eingelagerten Sandkörnchen umschließen und auf diese Weise mit-inander fest verzahnen. Wenn der Aushärtungsprozess abgeschlossen und das Wasser verdunstet ist, haben wir eine steinharte Masse.

Alternativ können Sandkörner mit Gips verklebt werden. Naturgips ist Calciumsulfat-Dihydrat, d.h., in das Ionengitter aus Calciumkationen und Sulfatanionen sind pro Formeleinheit zwei Moleküle Wasser eingelagert. Wenn man diesen Naturgips auf ca. 200 °C erwärmt, verliert er einen Großteil seines Kristallwassers. In statistischen Mittel bleibt noch ein halbes Wassermolekül pro Formeleinheit enthalten. Dieses Produkt nennt man in der Chemikersprache Calciumsulfat-Hemihydrat, also Halbhydrat – im Baumarkt kaufen Sie es als Baugips. Wird dieser mit Sand und

Wasser gemischt, bildet sich Calciumsulfat-Dihydrat zurück, erneut nach dem Motto „Zurück zur Natur". Dabei entstehen stark verzahnte – auch ästhetisch sehr hübsche – Gipskristalle, die sich wie Krallen um die Sandsteinchen legen und diese verzahnen.

Weitere wichtige Baumaterialien sind große Natursteine, die erst etwas behauen und dann aufeinandergelegt und mit Mörtel verklebt werden, sowie Ziegelsteine. Letztere sind keramische Produkte, die aus Lehm bzw. Ton als feuchter Schlicker geformt und anschließend im Ofen bei über 1000 °C gebrannt, d.h., entwässert, werden und dann steinhart sind. Chemisch betrachtet sind Lehm und Ton Alumosililicate, die aus den Grundbausteinen Siliziumdioxid, SiO_2, und Aluminiumoxid, Al_2O_3, bestehen und schichtförmig aufgebaut sind. In der SiO_2-Schicht liegen zweidimensional vernetzte Tetraeder vor, wobei im Zentrum jedes Tetraeders ein Siliziumatom sitzt, während in der Al_2O_3-Schicht zweidimensional vernetzte Oktaeder vorliegen, bei denen sich im Zentrum jedes Oktaeders ein Aluminiumatom befindet. Nun sind diese beiden Schichten derartig miteinander vernetzt, dass ein Sauerstoffatom eines Silicat-Tetraeders gleichzeitig zu einem Aluminat-Oktaeder gehört. Das funktioniert deshalb so perfekt, weil die Größe eines Silicat-Tetraeders genau der Größe eines Aluminat-Oktaeders entspricht.

Ein ganz wichtiger Baustoff ist Stahl, einmal für große tragende Bauelemente, und dann in Form von Stahlbeton, den man vor allem für Böden und Decken braucht. Hier werden Stahlseile verlegt und mit Beton umgossen. Wenn der ausgehärtet ist, haben wir ein Hochleistungsverbundmaterial, in dem der Stahl für die Zugfestigkeit und der Beton für die Druckfestigkeit sorgt.

Ein im Prinzip vergleichbarer Verbundwerkstoff ist Holz. Hier garantieren Cellulosefasern die Zugfestigkeit und sind umlagert von Lignin, einem sehr harten Polyetherharz, das für die Druckfestigkeit zuständig ist. Holz hat den ökologischen Vorteil, dass es ein nachwachsender Rohstoff ist; es hat aber den Nachteil, dass es leichter in Flammen aufgeht als Konstruktionen aus Steinen und Stahl.

Glas ist ein weiterer unverzichtbarer Werkstoff. Einfaches Fensterglas wird durch Zusammenschmelzen von Sand und Soda und/oder Kalkstein gewonnen. Das durch die thermische Zersetzung der Carbonate entstehende Natriumoxid und Calciumoxid sind stark basische Stoffe. Sie werden als Netzwerkwandler bezeichnet, weil sie Silicium-Sauerstoff-Bindungen im Sand brechen, wobei sich die Natrium- oder Calciumkationen an die negativen Ladungen der Bruchstellen anlagern und so für den Ladungsausgleich sorgen. Je mehr Bruchstellen erzeugt werden, desto mehr wird das SiO_2-Netzwerk gewandelt, d.h. abgebaut, wodurch die Viskosität der Schmelze abnimmt und der Schmelzpunkt sinkt. Das so hergestellte geschmolzene Glas wird abschließend in die gewünschte Form gegossen oder gewalzt und erstarrt dann.

Schließlich brauchen wir zum Häusle-Bauen einige Kunststoffe. Das sind in erster Linie Polyurethane, womit Hohlräume in Ziegelsteinen zur Wärmedämmung ausgeschäumt werden, sowie Polystyrol, das insbesondere im Außenbereich für Wärmedämmplatten verwendet wird.

Ganz schön viel Chemie, bis ein Haus stabil steht und bezogen werden kann. Die Sandburg aus der Kinderzeit war aber auch sehr hübsch, zwar nicht funktionell, aber geeignet, um von einem chemisch stabilen Heim zu träumen.

<u>Aufgaben:</u>

1. Natriumoxid, Na_2O, und Calciumoxid, CaO, sind Basenanhydride. Wie kann man diesem Begriff verstehen? Was sind analog Säureanhydride (Beispiele)?
2. Neben den hier beschriebenen Netzwerkwandlern (Na_2O, CaO) gibt es zur Herstellung von Spezialgläsern auch sogenannte Netzwerkbildner. Was versteht man darunter?
3. Insbesondere bei der Herstellung von Flaschenglas werden der Glasschmelze häufig kleine Mengen Eisen- oder Mangan- oder Kobaltsalze zugesetzt. Warum macht man das?
4. Lehm und Ton bestehen aus schichtenförmig aufgebauten Alumosilikaten. Was ist Zeolith A für ein Alumosilicat (Herstellung, Struktur, Anwendungen)?
5. Aus welchem Monomerbaustein besteht Cellulose?
6. Informieren Sie sich bitte, was Polyurethan und Polystyrol für Kunststoffe sind.

12 Genie oder A....loch? – Warum der Erste Weltkrieg zwei Jahre länger dauerte

Pflanzen brauchen mineralischen Dünger, und Soldaten brauchen Schießpulver. Ok, aber was hat das miteinander zu tun? Die Antwort lautet: Natriumnitrat, $NaNO_3$.

Natriumnitrat ist ein wasserlösliches Salz, das von Pflanzen gut aufgenommen, dann mit biochemischen Wasserstoffträgern zu Ammoniak reduziert und dieser wiederum insbesondere zu Aminosäuren, den Bausteinen des Lebens, metabolisiert wird. Jeder Boden hat einen gewissen Gehalt an Nitrat. Wenn auf dem Boden aber Jahr für Jahr Nutzpflanzen angebaut und geerntet werden, ist der Boden irgendwann ausgelaugt, unfruchtbar, so dass gedüngt werden muss. Wenn allerdings überdüngt wird, d.h., wenn dem Boden mehr Nitrat zugesetzt wird, als die Pflanzen aufnehmen, dann kann es sein, dass das überschüssige Nitrat mit Regenwasser ins Grundwasser transportiert wird, und das ist dann nicht mehr so gut. Es kommt also beim Düngen auf die richtige Menge an; das hat schon *Justus von Liebig* vor mehr als 150 Jahren publiziert.

Natriumnitrat wird sicherheitstechnisch als brandfördernder Stoff klassifiziert. Das bedeutet, dass die Verbindung beim Erwärmen oder bei Schlageinwirkung ein Sauerstoffatom freisetzt und dabei selbst zum Nitrit, $NaNO_2$, reduziert wird. Vom Sauerstoff wissen wir, dass er Verbrennungen fördert. Wenn man nun Natriumnitrat mit einem brennbaren Stoff, z.B. Zucker, mischt und die Mischung mit einer Zündschnur zündet – oder mit einem Hammer draufhaut –, wird aus dem Nitrat Sauerstoff frei und der verbrennt den Zucker sofort zu Kohlenstoffdioxid und Wasser, also gasförmigen Produkten, die sich unverzüglich ausdehnen, also Volumenarbeit leisten, womit wir einen Sprengstoff haben.

Natriumnitrat kommt in der Natur in großen Mengen in Chile vor, weshalb es auch Chilesalpeter genannt wird. Aufgrund dieses Monopols wurde bis zum Anfang des 20sten Jahrhunderts die ganze Welt aus Chile mit Natriumnitrat beliefert – für die Düngemittel- *und* für die Sprengstoffproduktion.

Zur gleichen Zeit, also am Anfang des 20sten Jahrhunderts, beschäftigte sich der Physikochemiker *Fritz Haber* mit der Ammoniak-Synthese aus den Elementen Stickstoff und Wasserstoff. Die Reaktion ging zunächst sehr schlecht, weil die beiden Stickstoffatome, die im Distickstoff über eine Dreifachbindung besonders fest zusammenhalten, einfach nicht reagieren wollten. Der Karlsruher Professor fand aber recht bald heraus, dass die Reaktion bei hoher Temperatur besser funktioniert, weil dadurch die Aktivierungsenergie für den Distickstoff aufgebracht wird. Weiterhin stellte *Haber* fest, dass die Reaktion unter hohem Druck begünstigt ist, weil dann nach der Reaktionsgleichung ein

Distickstoff- und drei Diwasserstoffmoleküle zusammengequetscht werden und gemäß dem LeChatelier-Prinzip diesem äußeren Druck durch eine Reaktion miteinander ausweichen, bei der sie ihre Gesamtteilchenzahl auf zwei Ammoniakmoleküle reduzieren. Und schließlich zeigte *Haber*, dass die Reaktion mit Eisen hervorragend katalysiert werden kann. Dieses Eisen hatte *Haber* in Reaktor aus Eisenoxid, quasi aus Rost, durch Reduktion mit Wasserstoff frisch und in sehr feinteiliger Form, also nicht in Form eines kompakten Stahlträgers, hergestellt. Zudem hatte er auch den Reaktionsmechanismus der Katalyse postuliert, sodass man *Haber* als den Vater der industriellen Katalyse bezeichnen darf. Und so funktioniert die Katalyse: Distickstoff und Diwasserstoff werden an der Oberfläche des Katalysators komplexchemisch gebunden; dadurch werden die Bindungen zu ihren gleichartigen Partnern gelockert und schließlich ganz gebrochen, sodass Oberflächenatome vorliegen. Aufgrund der räumlichen Nähe in der Koordinationssphäre des Übergangsmetalls werden nun nacheinander drei Wasserstoffatome auf einen am Eisen gebundenen Stickstoff übertragen, womit das Ammoniak-Molekül fertig ist. Es muss jetzt nur noch von Eisen dekomplexiert werden, damit die Koordinationsstelle am Katalysator wieder frei wird und dort ein neuer Katalysezyklus beginnen kann.

Für diese fachwissenschaftlich geniale Forschungsarbeit erhielt *Fritz Haber* völlig zu Recht den Chemie-Nobelpreis.

Die Perfektionierung der Ammoniaksynthese hat aber noch eine andere, sehr dunkle Seite. *Haber* hatte nämlich erkannt, dass durch die katalytische Verbrennung von Ammoniak Salpetersäure, HNO_3, zugänglich sein sollte. Wenn man diese Säure mit Natronlauge einfach neutralisieren würde, hätte man Natriumnitrat. Und dann wäre man für die Sprengstoffherstellung nicht mehr auf einen Import aus Chile angewiesen.

Warum waren diese Überlegungen wichtig, aber auch geradezu teuflisch? Schauen wir in die Geschichte des ersten Jahrzehnts des 20sten Jahrhunderts. Fast überall auf der Welt gab es koloniale Konflikte und kleinere Kriege, und ein großer Krieg bahnte sich an, vor allem zwischen dem deutschen Kaiserreich und England. Da England als alte Seefahrernation eine starke Marine besaß, war in einem Kriegsfall damit zu rechnen, dass es eine Seeblockade für Schiffe aus Südamerika verhängen würde, die Chilesalpeter in die deutschen Häfen transportieren wollten. So kam es später auch tatsächlich. Dann wäre dem deutschen

Militär rasch das Schießpulver ausgegangen und der Krieg zu Englands Gunsten entschieden gewesen. Hier sah *Haber* nun als überzeugter deutscher Nationalist seine Aufgabe und Pflicht, seine Genialität als Chemiker seinem geliebten deutschen Vaterland zur Verfügung stellen, um Schießpulver aus Luftstickstoff herzustellen und damit den bösen Feind zu besiegen. Davon überzeugte er die deutsche Heeresleitung und die Politiker, sodass in kürzester Zeit mit riesigen finanziellen Zuwendungen eine großtechnische Ammoniak-Produktion aus dem Boden gestampft und im mitteldeutschen Leuna aufgebaut wurde, also weit genug weg, um im Kriegsfall nicht von der französischen Luftwaffe bombardiert zu werden. *Haber* fand in *Carl Bosch* einen kongenialen Partner, der als chemischer Verfahrenstechniker die kleinen Laborreaktoren von *Haber* in den großtechnischen Maßstab übertrug und dabei zahlreiche material- und sicherheitstechnische Probleme perfekt meisterte. Und so bekam das Deutsche Militär genug Schießpulver. Historiker sind sich einig, dass der Erste Weltkrieg ohne die Erfindung der Ammoniaksynthese zwei Jahre früher beendet worden wäre.

Damit ist die chemische Kriegsgeschichte aber noch nicht zu Ende. *Haber*, mittlerweile Experte im Umgang mit gefährlichen Gasen, überlegte sich in seinem patriotischen Wahn, wie er den Stellungskrieg an der Westfront zugunsten der Deutschen entscheiden könne, und zwar indem er die französischen Soldaten in ihren Schützengräben einfach mit Chlorgas umbringen würde. Um sicherzugehen, dass das funktioniert, machte *Haber* einen Selbstversuch, indem er als ehemaliges Mitglied der Kavallerie auf seinem Pferd einer Chlorwolke entgegen ritt. Er wäre dabei fast umgekommen, was historisch betrachtet vielleicht gut gewesen wäre, war aber nach dem Versuch umso mehr davon überzeugt, dass ein Angriff mit Giftgas die Methode der Wahl sei. Nun, an der Front gab es tatsächlich viele Tote, aber auf beiden Seiten; denn nachdem das Gas in Richtung der Franzosen geblasen worden war, drehte plötzlich der Wind, sodass das Chlorgas auch die deutschen Soldaten dahinraffte.

Unterstützt von *Otto Hahn*, der später die Uranspaltung entdeckte, optimierte *Haber* den Giftkrieg, indem er das noch viel giftigere Phosgen, $COCl_2$, ausprobierte.

Nach dem Ersten Weltkrieg forschte *Haber* weiter auf dem Gebiet der Kampfgase und wurde dabei zum Wegbereiter der Herstellung von Cyanwasserstoff, HCN, mit dem später unter dem Handelsnamen Zyklon B Hundertausende Juden in Konzentrationslagern vergast wurden. Letzteres hatte *Haber* gewiss nicht beabsichtig, denn – eine Ironie des Schicksals – mit der Machtergreifung der Nationalsozialisten musste der vaterlandstreue *Haber* emigrieren, denn er war Jude.

Klausuraufgabe: Wer war *Fritz Haber*? Zwei Punkte. Richtige Antwort: Ein wissenschaftliches Genie und sonst ein A....loch.

<u>Aufgaben</u>:

1. Formulieren Sie bitte die vollständige Reaktionsgleichung für die Umsetzung von Natriumnitrat mit Wasserstoff.
2. Was sind Aminosäuren?
3. Formulieren Sie bitte die Reaktionsgleichung für die thermische Zersetzung von Natriumnitrat.
4. Was versteht man unter Volumenarbeit?
5. Formulieren Sie bitte die vollständige Reaktionsgleichung für die Verbrennung von Ammoniak zu Salpetersäure (Ostwald-Verfahren).
6. Was ist Phosgen, wie wird es hergestellt und wie wirkt es, wenn man es einatmet?
7. Wieso ist es höchst gefährlich, eine Cyankali-Lösung (KCN) anzusäuern?

13 Es ist nicht alles Gold, was glänzt – Vom Brutalo-Western zum (Neo)Kolonialismus

Immer wieder schön, die Szene aus dem klassischen Western. Da steht ein kaputter Typ mit einem Sieb an einem Wildbach und versucht sein Glück als Goldwäscher. Plötzlich funkelt ihm ein großes Nugget entgegen und er ruft verzückt: „Heureka, ich bin reich!" Da knallt ein Schuss, das kurze Glück ist vorbei, und das Gold befindet sich in anderen Händen.

Damit sind wir beim Thema Konfliktrohstoffe. Das sind Bodenschätze und andere natürliche Ressourcen, die es nur an bestimmten Orten auf der Welt gibt, die aber von besonderem wirtschaftlichen Interesse sind und in Konflikt- oder Hochrisikogebieten gefördert bzw. angebaut werden. Der Abbau bzw. die Herstellung dieser Stoffe findet meistens illegal und außerhalb rechtsstaatlicher Kontrolle statt, etwa durch Rebellen oder Milizen, und die Gewinnung der umkämpften Stoffe erfolgt oft durch

Sklaven- und Kinderarbeit und unter Missachtung elementarer sozialer, Sicherheits-, Hygiene- und Umweltstandards.

Wer im Besitz von Erdöl oder Erdgas ist, prägt ganz entscheidend die Weltwirtschaft. Der internationale Terrorismus finanziert sich weitgehend mit Opium. Wir wollen uns im Folgenden auf vier Metalle konzentrieren, ohne die moderne Elektronik nicht funktioniert: Gold, Tantal und Kobalt, die aus den politisch instabilen Regionen Südafrika, Kongo, Ruanda, Uganda und Burundi kommen, sowie Lithium, das vor allem in Südamerika gewonnen wird.

- Zunächst Gold: Gold sieht nicht nur attraktiv aus, sondern hat auch eine hervorragende elektrische Leitfähigkeit, kann sehr gut auf verschiedene Untergründe aufgedampft und gelötet werden, und – als Superedelmetall – korrodiert es nicht. Das macht es für die Herstellung von integrierten Schaltkreisen und Leiterplatten in der Elektronik und ganz besonders in der Mikroelektronik unverzichtbar. Aus toxikologischen und ökotoxikologischen Gründen ist seine klassische Gewinnung durch Cyanidlaugung bzw. nach dem Amalgamverfahren allerdings sehr problematisch.

  Bei der ersten Methode wird das fein gemahlene goldhaltige Erz mit Natriumcyanid behandelt, wobei das elementare Gold in einen löslichen Cyanokomplex des einwertigen Goldes übergeht. Die Lösung wird vom begleitenden Steinmaterial abfiltriert. Abschließend wird das Gold aus der Komplexlösung durch Reduktion mittels Zink abgeschieden. Wenn das hochgiftige cyanidhaltige Abwasser nicht fachgerecht mit Wasserstoffperoxid oxidativ aufgearbeitet wird, versickert es im Boden oder wird ins nächste Gewässer gespült mit fatalen Folgen für die betroffenen Ökosysteme. Und den Arbeitern geht es gesundheitlich auch nicht gerade gut.

  Beim Amalgamverfahren wird das gemahlene Golderz mit Quecksilber behandelt, worin sich das Gold unter Legierungsbildung löst. Die flüssige Legierung, die man Amalgam nennt, wird vom begleitenden Gesteinsmaterial einfach abgegossen und dann erhitzt, wobei das Quecksilber verdampft und das Rohgold zurückbleibt. Der Quecksilberdampf könnte bei fachgerechter

Sicherheits- und Verfahrenstechnik wiedergewonnen werden, kondensiert bei den primitiven Arbeitsbedingungen in den Konfliktregionen aber in der nahen Umgebung oder in den Lungen der ausgebeuteten Arbeiter.

- Im Kongo finanzieren sich Rebellengruppen mit dem Verkauf von Coltan. Das ist ein Mineral, aus dem das Metall Tantal gewonnen wird, welches für die Herstellung von Hochleistungskondensatoren in Computern und Handys benötigt wird. Das Coltan wird durch Nasssiebung und Schweretrennung angereichert, wobei die Arbeiter im Prinzip so hantieren wie der Goldwäscher aus dem Western.

- Ebenfalls aus dem Kongo kommt ein Großteil des weltweit benötigten Kobalts. Es gibt dort zahlreiche illegale kleine Minen, in denen Kinder das Erz sammeln, bevor daraus durch Zugabe von Schwefelsäure lösliches Kobaltsulfat extrahiert und dann zu Kobaltoxid ausgefällt wird. Kobaltoxid ist wegen seiner hohen Energiedichte das Kathodenmaterial für Lithium-Kobaltoxid-Akkumulatoren. Es liegt in dieser Hochleistungsbatterie, die vor allen in Computern, Handys und Elektroautos verwendet wird, am Pluspol im geladenen Zustand in Form des vierwertigen Kobalts als CoO_2 vor und wird beim Entladen zum dreiwertigen Kobalt in Form von $LiCoO_2$ reduziert. Diese Verbindung wird in der Technik kurz LCO genannt.

- Mit der Lithium-Ionen-Batterie sind wir schon beim nächsten sich anbahnenden Konfliktrohstoff, dem Lithium. Für eine abgasfreie Elektromobilität wird momentan der Lithium-Ionen-Akku favorisiert. Dies ist nur unter dem Gesichtspunkt verständlich, dass das unedle Alkalimetall ein sehr hohes Reduktionspotenzial besitzt und deshalb als Minuspol einer Batterie – eingelagert in Graphit – gut geeignet ist. Der Ausgangsstoff Lithiumcarbonat ist allerdings mengenmäßig begrenzt, und es gibt nicht viele günstig abbaubare Lagerstätten – die größten liegen in Bolivien, Chile und Argentinien –, sodass Li_2CO_3 ein Konfliktrohstoff werden dürfte und ansatzweise bereits schon ist. Des Weiteren stellt das Auswaschen des lithiumhaltigen Gesteins eine erhebliche Umweltbelastung dar, insbesondere durch den hohen Wasserverbrauch, der zur Absenkung des Grundwasserspiegels führt, sowie durch Kontamination des lebenswichtigen Grundwassers. Das Umfeld von Lithiumabbaustätten dürfte recht bald für eine landwirtschaftliche Nutzung unbrauchbar sein, die Anwohner würden ihres Landes beraubt und müssten wegziehen. Schließlich ist die gesundheitliche Gefährdung der Arbeiter beim Lithiumabbau zu bedenken: Eine ständige Exposition gegenüber dem in der Medizin zur Behandlung von Depressionen und bipolaren Störungen verwendeten Lithiumcarbonats kann nicht gut sein. Aber soweit denkt man im Zeitalter des Neokolonialismus wohl nicht.

Es gibt also mehrere Gründe, warum sich der mit Lithium-Batterien angetrieben Elektromobilität wenig Positives abgewinnen lässt, zumal sich als Alternative die mit Wasserstoff betriebene Brennstoffzelle anbietet.

Wir haben jetzt an mehreren Beispielen gesehen, dass die Gewinnung von Metallen oft mit enormen Umweltbelastungen verbunden ist, insbesondere mit dem übermäßigen Verbrauch von Wasser sowie der Kontamination von Flüssen und Seen sowie des Grundwassers in der näheren und duchaus auch weitern Umgebung der Minen. Trinkwasser ist ein Lebenselixier, und wenn Trinkwasser fehlt bzw. zu stark verunreinigt ist, sind Konflikte geradezu vorprogrammiert. Geht der Dritte Weltkrieg uns Wasser?

Aufgaben:

1. Nennen Sie bitte einige Elemente, die in der Natur „gediegen" vorkommen.
2. Formulieren Sie bitte die Reaktionsgleichungen für die Cyanidlaugung von Gold und seine Abscheidung mit Zink.
3. Formulieren Sie bitte die Reaktionsgleichung für die Entgiftung von Cyanid mit Wasserstoffperoxid.
4. Wo steht das Element Tantal im Periodensystem der Elemente?
5. Wie funktionieren Batterien grundsätzlich?
6. Informieren Sie sich bitte genauer über die chemischen Reaktionen, die im Lithium-Kobaltoxid-Akkumulator ablaufen.

14 Geh mir aus der Sonne! –
Warum die wichtigste Reaktionsgleichung lautet:
$6\,H_2O + 6\,CO_2 \rightarrow C_6H_{12}O_6 + 6\,O_2$

Die Legende von Diogenes, der in einer Tonne lebte, und Alexander, dem Größenwahnsinnigen, ist bereits in vielen Variation erzählt worden. Wir wollen noch eine hinzufügen, wie der alte griechische Philosoph dem jungen mazedonischen König eine Lektion in Sachen Chemie erteilt.

Alexander war besessen davon, die östliche Welt zu erobern. Richtig gelungen ist ihm das nicht. Gut, eine hübsche Perserin hat er erobert, aber den indischen Elefanten war er nicht gewachsen, und ein Corona-Vorläufer hat ihn schließlich hinweggerafft. Diogenes wollte den jungen Mann warnen, er solle doch gefälligst mehr Demut vor dem Leben zeigen, und er wollte ihm klarmachen, dass das Leben kein Eroberungsfeldzug sei, sondern ein Geschenk. Ein Geschenk der Sonne, die bei der in ihr ablaufenden Verschmelzung von Wasserstoffatomen zu Helium Energie freisetzt, die auf die Erde strahlt und hier zur Lebensenergie wird.

Schauen wir uns diesen Prozess etwas genauer an. Alexander sei diesem Chemieunterricht virtuell zugeschaltet.

Die wichtigste Komplexverbindung ist das Chlorophyll, die zunächst dadurch auffällt, dass sie in den Chloroplasten von Pflanzen oder in Cyanobakterien eine grüne Farbe verursacht. Chlorophyll ist eine Magnesiumverbindung, in der das Erdalkalimetall im Zentrum eines Quadrates aus vier Stickstoffatomen sitzt, die wiederum in ein größeres organisches Ringsystem eingebettet sind. Wie jeder Farbstoff absorbiert das Chlorophyll einen Teil des sichtbaren Lichtes, das von der Sonne kommt. Dabei wird ein Elektron aus seinen elektronischen Grundzustand in einen angeregten Zustand versetzt. Da das Chlorophyll in eine Biomembran eingebettet ist, verschwindet dieses Elektron auf der einen Seite der Membran, wo es von einem Elektronenakzeptor aufgenommen wird. Nun fehlt dem Chlorophyll aber ein Elektron, sodass es sich ein solches zurückholt, und zwar aus einem Elektronenpaar des unmittelbar nächsten Wassermoleküls. Damit ist das Chlorophyll recycelt und kann den nächsten Sonnenstrahl aufnehmen. Gleichzeitig ist das Wassermolekül zu einem Radikalkation geworden, damit stark angeknackst worden, sodass es zu Sauerstoff, zwei Protonen und einem Elektron zerfällt.

Alexander hat gut aufgepasst und hat jetzt sein erstes Aha-Erlebnis: Bei dem photochemisch induzierten Zerfall von Wasser entsteht Sauerstoff, den wir Menschen einatmen. Tatsächlich – die Sonne lässt uns atmen! Jetzt sagt aber ein Sprichwort, dass der Mensch von Luft allein nicht leben kann. Deshalb sorgt die Sonne indirekt auch noch dafür, dass wir etwas zum Essen bekommen.

Wie funktioniert das? Der Elektronenakzeptor, der das Elektron von photochemisch angeregten Chlorophyll übernommen hat, nimmt nun zur Ladungskompensation auch das bei der Wasserzersetzung entstandene Proton auf. Mit dieser Kombination von Elektronen- *und* Protonenaufnahme hat das Molekül quasi Wasserstoff aufgenommen und ist zu einem biochemischen Wasserstoffspeicher geworden.

Fassen wir diesen ersten Teil der Photosynthese, den man als die Lichtphase bezeichnet, zusammen: Mit Hilfe des Fotokatalysators Chlorophyll wird die Sonnenergie für die Zersetzung von energiearmem Wasser zu energiereichem Sauerstoff und ebenfalls energiereichem Wasserstoff genutzt. Der Sauerstoff entweicht in die Atmosphäre, der Wasserstoff wird in einem biochemischen Trägermolekül gespeichert.

Damit kommen wir zum zweiten Teil der Fotosynthese, die man als Dunkelphase bezeichnet. Dieser Name ist irreführend, denn die Reaktion läuft auch tagsüber, aber sie benötigt kein Licht. In dieser Dunkelphase wird der in der Lichtphase erzeugte und biochemisch gespeicherte Wasserstoff wieder verbraucht, um das energiearme Kohlenstoffdioxid, das aus der Atmosphäre kommt, zum Kohlenhydrat Glucose zu reduzieren. Glucose ist Traubenzucker, der zu anderen Kohlenhydraten oder Fetten weiterverarbeitet werden kann, womit unsere Basisernährung gesichert ist. Da bei dem ganzen Prozess das Chlorophyll immer wieder recycelt wird und auch der Wasserstoffspeicher immer wieder neu beladen und entladen, also im Kreis gefahren wird, ergibt sich für die Fotosynthese die recht einfache Bruttoreaktionsgleichung:

$$6\,H_2O + 6\,CO_2 \rightarrow C_6H_{12}O_6 + 6\,O_2$$

Diese Gleichung hat sich unser schlauer studentischer König Alexander als die wichtigste chemische Reaktionsgleichung überhaupt gemerkt, weil die Sonne uns keine Rechnung dafür schickt, dass sie das Wasser zerlegt, uns damit direkt den Sauerstoff zum Atmen und indirekt etwas zum Essen liefert und sich dabei ausgesprochen umweltbewusst verhält, indem sie der Atmosphäre das Treibhausgas CO_2 entzieht.

Spätestens jetzt hätte unser junger König zweierlei tun müssen:

1. Seinen Glauben wechseln; also Zeus und Konsorten auf den Olymp jagen und – wie sein Pharao-Kollege Echnaton schon 1000 Jahre vor ihm – zum Sonnenanbeter konvertieren.
2. Seinen Job als Feldherr und Völkermörder an den Nagel hängen, um Chemiker und Umweltingenieur zu werden. Dann hätten wir jetzt schon seit etwa 2300 Jahren Solarzellen, Wasserelektrolyse durch Solarstrom, Wasserstoffspeichertechnologien und Brennstoffzellen vom Feinsten, und das ganze Theater mit der dreckigen Energiegewinnung durch Verbrennen von Kohle, Erdöl und Erdgas wäre uns erspart geblieben.

Leider hat Alexander das nicht getan. Mit Flausen im Kopf von indischen Edelsteinen, Ruhm und Reichtum ist die Geschichte dumm gelaufen. Und Diogenes ist der Frust nicht erspart geblieben, den wohl jeder es gut meinende akademischer Lehrer kennt, wenn seine Studierenden einfach nicht kapieren bzw. nicht kapieren wollen, was wirklich wichtig ist. Aber – um Diogenes zu trösten – auch heute haben es die wenigsten der Mächtigen kapiert, dass sie nicht mit Waffen, sondern nur mit Solarzellen und Wasserstofftechnologie die Welt retten können.

Lassen Sie uns die verblüffende Analogie zwischen Fotosynthese und Solartechnologie noch etwas genauer analysieren.

Silizium ist ein Fotohalbleiter. Wenn Sonnenlicht darauf fällt, wird ein Elektron aus dem energieärmeren Valenzband des Siliziums in das energiereichere Leitungsband angehoben. Damit entsteht eine Potentialdifferenz, also eine elektrische Spannung, welche die Voraussetzung für einen Stromfluss ist. Das entspricht recht genau der photochemischen Aktivierung des Chlorophylls. Mit Solarzellen wird Sonnenenergie also direkt in elektrischen Strom umgewandelt. Das funktioniert gut, und die Solarzellen sind mittlerweile auch nicht mehr so teuer, sodass diese Art der Stromerzeugung die durch Verbrennungs- und Atomkraftwerke ersetzen kann – und ersetzen muss.

Mit Solarstrom kann man Wasser in die Elemente zerlegen: An der Anode, dem Pluspol, entsteht Sauerstoff; an der Kathode, dem Minuspol, bildet sich Wasserstoff. Das entspricht weitgehend der Lichtphase der Photosynthese, bei der Wasserstoff allerdings *nicht* als Gas freigesetzt, sondern gespeichert wird. In der Technik kann man den Wasserstoff nach seiner Entstehung allerdings auch speichern, entweder in komprimierter Form als Druckgas oder gekühlt als Flüssiggas, alternativ adsorbiert auf der Oberfläche poröser Materialien, eingelagert in die Hohlräume eines Metallgitters oder reversibel gebunden in flüssigen organischen Verbindungen.

Wasserstoff ist ein starkes Reduktionsmittel, das in der Biochemie und in der industriellen Chemie gleichermaßen gebraucht wird. Nach dem Motto „Zurück zur Natur" reagiert es mit Sauerstoff zu Wasser. Die Bezeichnung „Knallgas-Reaktion" deutet schon darauf hin, wieviel Energie sie freisetzt. In einer Brennstoffzelle wird die Reaktion allerdings *nicht* im Sinne einer Explosion durchgeführt, sondern an einer Membran, sodass die Exothermie der Reaktion in einen elektrischen Stromfluss umgewandelt wird.

Fazit für vernünftige Elektromobilität: Antrieb mit einer Brennstoffzelle, die mit Wasserstoff aus der Wasserelektrolyse betrieben wird, wobei der für die Elektrolyse erforderliche Strom Solarstrom ist.

Reduktionen mit Wasserstoff werden in der industriellen Chemie ständig durchgeführt, bislang aber überwiegend mit „schmutzigem" Wasserstoff, der aus einer Wasserelektrolyse stammt, die mit Kohle- oder Atomstrom betrieben wird, oder der durch das Steamrefoming bzw. die Kohlevergasung aus Wasser und Methan bzw. aus Wasser und Kohle bei Temperaturen über 1000 °C gewonnen wird, bei dessen Produktion also fossile Rohstoffe verwendet und das Treibhausgas Kohlenstoffdioxid freigesetzt werden. Diese Art von Wasserstoffgewinnung kann und muss ein Ende finden.

Der Wasserstofftechnologie gehört einfach die Zukunft, weil die Primärenergie vom Himmel kommt. Wasserstoff kann gespeichert werden, und wenn er verbrannt wird, ist das Abgas sehr umweltfreundlich, denn es ist reines Wasser. Die Brennstoffzelle ist technisch weit gereift; deshalb braucht man tatsächlich bald kein Benzin oder Diesel mehr, um Auto zu fahren. Darüber hinaus sind Chemiker und Umweltingenieure optimistisch, bald auch Eisenoxid mit Wasserstoff statt wie bislang mit Kohle reduzieren zu können. Was wäre das für ein enormer ökologischer Vorteil, wenn die Eisen- und Stahlindustrie statt CO_2 nur noch Wasser auspusten würde?!

Übrigens: Windkraft ist auch Sonnenenergie; indirekt. Denn die Sonne erwärmt die Erde unterschiedlich, insbesondere in Abhängigkeit von ihrem Einstrahlwinkel. Dadurch werden Luftbewegungen initiiert; der Wind weht, treibt einen Propeller an und der dreht eine Spule im Magnetfeld, sodass elektrischer Strom erzeugt wird. Das hört sich als eine echte Alternative zur Solarzelle an. Doch es gibt zwei Probleme. Hochleistungsmagneten von modernen, getriebelosen Windrädern benötigen Neodym in einer Legierung mit Eisen und Bor. Bedenklich beim Abbau des Elements aus der Gruppe der Seltenen Erden ist seine Verschwisterung mit Uran und Thorium, sodass die Umwelt, die Minenarbeiter und die Neodym-Produzenten radioaktiven Belastungen ausgesetzt sind. Da Neodym hauptsächlich in China vorkommt – dieser Staat quasi ein Monopol auf das Metall besitzt –, kann es zu einem Konfliktrohstoff werden. Das „Schreddern" von Vögeln und Insekten durch die sich schnell drehenden Rotoren ist ein weiteres ökologisches Problem, sodass das Image der Windräder als Lieferanten sauberen elektrischen Stroms angekratzt ist.

<u>Aufgaben</u>:

1. Informieren Sie sich bitte über die stellare Kernfusion von Wasserstoff zu Helium.
2. Was ist eine Komplexbindung?
3. Worin besteht der Unterschied bei der Wasserzersetzung durch Bio-Photochemie bzw. durch Elektrolyse?
4. Was ist ein Photohalbleiter? Unterscheiden Sie bitte elektrische Leiter, Halbleiter und Isolatoren?
5. Wasserstoff kann z.B. an der Oberfläche von Zeolithen oder Aktivkohle adsorbiert werden. Was ist ein Zeolith und wie wird er hergestellt (z.B. Zeolith A). Wie wird Aktivkohle hergestellt?
6. Was sind metallische Hydride?
7. Formulieren Sie bitte die Reaktionsgleichungen für das „Steamreforming" und die „Kohlevergasung".
8. Zur vielseitigen Verwendung von Wasserstoff. Wie reagiert Wasserstoff mit Stickstoff, Sauerstoff, Chlor, Alkenen, Ketonen …?
9. Zeichnen Sie bitte für die Knallgasreaktion ein sogenanntes Potentialdiagramm.
10. Wo steht Neodym im Periodensystem?

15 Alles fließt – Warum der Begriff „Energiegewinnung" eigentlich falsch ist

„Man kann nicht zweimal in denselben Fluss steigen." Das ist der Kern der Philosophie des alten Griechen Heraklit. Alles, die gesamte Natur, der gesamte Kosmos, unterliegt einem ständigen Wandel. Parodierend kann man diesen Satz auch so formulieren: „Das einzig Konstante ist der Wandel."

Heraklits sehr poetischer Satz findet sich im 1. Hauptsatz der Thermodynamik wieder, der besagt, dass die Energie in einem geschlossenen System – das größte geschlossene System, das wir uns vorstellen können, ist das Universum – konstant bleibt. Energie kann weder vermehrt noch vermindert werden. Sie kann sich aber von einer Form in eine andere umwandeln.

Diskutieren wir das an drei Beispielen.

1. Wer nach dem Joggen damit prahlt, ein paar Kalorien verloren zu haben, denkt nicht ganzheitlich. Es ist richtig, dass ein Jogger durch das Schwitzen Masse verliert. Die potentielle Energie seines Körpers, die proportional zur Körpermasse ist, ist tatsächlich geringer geworden. Doch die angeblich verlorenen Kalorien sind noch da, denn der Jogger hat durch seinen verdampfenden Schweiß seinem Körper Wärme entzogen, diese an seine Umgebungsluft abgegeben und deshalb zur Erderwärmung beigetragen.

2. Wer sich nach dem Joggen ein kräftiges Rindersteak gönnt, tankt tatsächlich Energie auf. Dafür ist aber zuvor an einer anderen Stelle ein Rind in einen energieärmeren Zustand, nämlich den Tod, versetzt worden. *James Bonds* Lebensmotto „Live and Let Die" ist auch nichts anderes als der Energieerhaltungssatz.

3. Wer sein Handy auflädt, überträgt Elektronen auf das energiearme Lithium-Kation, das sich gerade im elektronischen Glückseligkeitszustand des Heliums befindet, aber durch eine Elektronenaufnahme in den viel energiereichen Zustand des elementaren Alkalimetalls gezwungen wird. Da in Deutschland gerade kein Wind weht und die Sonne auch nicht scheint, steht leider kein Ökostrom zur Verfügung, sodass der elektrische Strom zum Aufladen des Handys aus einem französischen

Atomkraftwerk kommt, wo bei der Uranspaltung Masse verloren geht und sich nach Einsteins Formel $E = m \cdot c^2$ in Wärmeenergie umwandelt, die wiederum Wasserstoffbrückenbindungen im Wasser knackt, um gasförmiges Wasser zu erzeugen, das abschließend eine Turbine mit einer Metallspule in einem Magneten antreibt, um elektrischen Strom zu erzeugen. Dabei nicht zu vergessen sind ein paar Moleküle Plutonium, die als Nebenprodukt der Uranspaltung anfallen und die mit einer Halbwertszeit von 20.000 Jahren ein bisschen radioaktive Strahlung in ihre Umgebung entsenden.

Nun, das waren einige repräsentative Energieflüsse. Bleiben wir noch einen Augenblick bei Heraklits Flussbild und fragen: „Kann das Wasser den Berg rauffließen?" Im Prinzip ja, wenn wir es hochpumpen. Von sich auf fließt das Wasser aber nur bergab. Damit sind wir beim Thema Freiwilligkeit und Reversibilität von Prozessen. Heraklit war nahe dran, das Wasserpumpkraftwerk zu erfinden. Oben am Berg hat man ein Staubecken, unten im Tal ein zweites. Wenn man oben die Schleuse öffnet, saust das Wasser den Berg runter. Dabei wird seine potentielle Energie, die durch den Höhenunterschied zwischen den beiden Staubecken bestimmt ist, vermindert und in kinetische Energie, also den Wasserstrom, umgewandelt. Der kann ein Wasserrad antreiben, das eine Spule im Magnetfeld dreht, und schon bekommen wir den elektrischen Strom, um Pumpen zu betreiben, die das Wasser wieder vom unteren Becken in das obere befördern. Wenn das obere Becken voll ist, öffnen wir erneut die Schleuse, und das Hin und Her beginnt abermals. Das hört sich nach einem Perpetuum Mobile an. Das gäbe es aber nur bei einer perfekten Reversibilität der beiden entgegengesetzten Einzelprozesse. Bei unserem Wasserpumpkraftwerk ist das bestimmt nicht der Fall. Man bedenke nur, wie die Pumpe beim Hochhieven des schweren Wassers ins Schwitzen kommt und richtig heiß wird. Da steckt die sogenannte Verlustenergie, die als Wärme an die Umgebungsluft abgegeben wird, womit die Pumpe – genauso wie unser Jogger – zum Treibhauseffekt beiträgt.

Bei einem freiwilligen Prozess wird vom System Energie an die Umgebung abgeben, was man der Konvention nach mit einem negativen Vorzeichen vor dem Energiewert zum Ausdruck bringt. Umgekehrt kann ein Prozess erzwungen werden, indem von außen Energie in das System reingesteckt wird; in diesem Fall drückt man das mit einem positiven Vorzeichen vor dem Energiewert aus.

Heraklit wusste noch nicht, dass vor ihm Dinosaurier auf der Welt gelebt haben, sonst hätte es seine „Alles fließt"-Philosophie bestimmt mit folgender interessanter Frage erweitert: „Kann es sein, dass in unserem Körper ein paar Atome stecken, die auch schon einmal im Körper eines Dinos waren? Ist jeder von uns also ein kleiner T-Rex?"

Aufgaben:

1. Beschreiben Sie bitte die verschiedenen Energieformen: potentielle Energie, kinetische Energie, Lichtenergie, elektrische Energie, Wärmeenergie, Volumenarbeit, Bindungsenergie, Dissoziationsenergie, Ionisierungsenergie, Gitterenergie, Schwingungsenergie, Elektronenpaarungsenergie, Resonanzenergie, Aktivierungsenergie …

2. Was ist eine Kalorie?

16 Das Chaos wird immer größer – Ein Naturgesetz, dem jeder zustimmt

Machen wir ein Experiment. Zwei gleich große Glaskolben werden evakuiert. Der eine Kolben wird mit Stickstoff, der andere mit Sauerstoff gefüllt; jeweils eine Atmosphäre Druck. Die beiden Kolben werden über ein Ventil miteinander verbunden. Was passiert, wenn man das Ventil öffnet?

Nach einiger Zeit finden wir in beiden Kolben gleiche Mengen der beiden Gase. Der Durchmischungsprozess aufgrund der molekularen Beweglichkeit aller Gasteilchen lief freiwillig ab. Die Gasmischung hat sich nicht erwärmt, sie hat nicht angefangen zu strahlen, ihr Druck ist nicht gestiegen …, es wurde keine der üblichen Energieformen an die Umgebung abgegeben. Deshalb muss es für diesen freiwilligen Prozess noch eine weitere Triebkraft geben, die man als Entropieerhöhung bezeichnet. Übersetzt heißt das so viel wie: „Der Ordnungszustand ist kleiner geworden" oder „Das Chaos ist größer geworden". Genau das muss nach dem zweiten Hauptsatz der Thermodynamik passieren. In unserem Experiment haben wir am Anfang hochgeordnet alle Stickstoffmoleküle in dem einen und alle Sauerstoffmoleküle in dem anderen Kolben; am Ende haben wir ein totales Durcheinander.

Interessant ist, dass die Durchmischung bei höherer Temperatur schneller erfolgt als bei tieferer Temperatur. Das spricht dafür, dass das mathematische Produkt von Temperatur und Entropie eine Energie ist.

Können wir die im durchgeführten Experiment erhaltene Gasmischung wieder in ihre Komponenten zerlegen? Ja, aber dazu müssen wir uns sehr anstrengen und wie beim Linde-Verfahren zur Lufttrennung vorgehen: Die Gasmischung muss mit enormer Pumpleistung zusammengepresst werden, die Kompressionswärme muss abgeführt werden; nach mehrfachem Wiederholen dieses Prozesses ist die Gasmischung so kalt, dass sie flüssig wird, um abschließend destillativ getrennt werden zu können. Ziemlich aufwändig, nicht wahr? Wir sehen also, dass das Beseitigen von Unordnung – hier das wilde Durcheinander verschiedener Gasmoleküle – und das Schaffen von Ordnung – hier die einzelnen Gase, sorgfältig separiert in unterschiedlichen Gefäßen – Energie erfordert.

Aufräumen – ein leidiges Thema. Immer, wenn Sie Ihre studentische Bude aufgeräumt haben, ist es nur eine Frage der Zeit, bis sich wieder ein Chaos eingestellt hat – ohne dass Sie ein besonderer Chaot wären und ständig randalieren würden. Das Chaos entsteht ganz automatisch, ganz von selbst. Wenn Ihre Mitbewohner oder Eltern Sie zum wiederholten Mal mit zunehmend aggressivem Ton zum Aufräumen drängen, können Sie die Situation ganz entspannt angehen und darauf verweisen, dass die Zunahme vom Chaos in Ihrem Zimmer dem 2. Hauptsatz der Thermodynamik entspreche und dass Sie deshalb ganz in Einklang mit dem Naturgesetz leben würden.

Rein entropisch zu begründen ist auch, dass die Kreide-Chemie, d.h. das Anschreiben von Formeln an die Tafel, im digitalen Zeitalter hartnäckig überlebt. Nämlich: Zu Beginn des Unterrichts ist der Raum sauber, die Tafel blitzeblank, und auf dem Pult liegt ein wohlgeformtes Kreidestück. Am Ende des Unterrichts ist die Kreide immer noch da, aber nicht mehr in ihrer anfänglich kompakten Form, sondern verschmiert über die ganze Tafel, auf den Händen und Klamotten des Dozenten und teilweise eingeatmet in dessen Lunge. Die Unterrichtsstunde ist also echt chaotisch verlaufen. Nun ist es illusorisch, die Kreide wieder zusammenzukratzen und zu einem neuen Stück Kreide zu pressen.

Recycling hat hier seine Grenze, und der Tafelunterricht ist ein gutes Beispiel für einen irreversiblen Prozess. (Das ist vermutlich auch gut so, denn die Mehrzahl der Auszubildenden wünscht sich den Unterricht gewiss nicht zurück.) Den Raum nach dem Unterricht wieder in einen ordentlichen Zustand zu versetzen, geht natürlich: Man muss putzen – und dazu eine nicht unerhebliche Lebensenergie aufbringen. Doch selbst nach dem Tafelputzen sind die Kreidepartikel immer noch da; mit dem Putzwasser werden sie die Kanalisation runtergespült, wonach sich ihre Spur in den Stoffströmen des Systems Erde verlieren wird.

Warum gibt es denn in der Natur überhaupt Ordnung, wenn der Weg in Richtung Unordnung eigentlich der normale ist? Das kann man mit einer ganzheitlichen Sichtweise erklären: Wenn *innerhalb* eines Systems Ordnung hergestellt wird, entsteht *außerhalb* des Systems Chaos.

Betrachten wir ein Lebewesen, am besten uns selbst. Jeder Mensch ist biochemisch gesehen ein hochkomplexes und geordnetes System – selbst wenn er meistens ein Chaot ist. Um unser Leben und damit die Ordnung in uns aufrecht zu erhalten, benötigen wir von außen Energie. Die erhalten wir aus unserer täglichen Nahrung, die wir biochemisch verbrennen. Und wo kommt unsere Nahrung her? Von einem Huhn, von einer Kartoffel, von einem Apfel – egal, ob wir Fleischesser, Vegetarier, Veganer oder Frutarier sind, um leben zu können, müssen wird andere, ebenfalls hochkomplexe und geordnete Lebewesen, also Systeme außerhalb von uns selbst, zerstören. Leben ist auf jeden Fall fressen und gefressen werden – manchmal ist es auch noch etwas mehr.

Stellen Sie sich einen Augenblick vor, es gäbe die Erde gar nicht. Dann würde die Sonne scheinen, und ihre abgestrahlte Licht- und Wärmeenergie würde sich ins Universum verflüchtigen. Das wäre vollkommen im Einklang mit dem Entropiegesetz. Jetzt gibt es die Erde aber. Und das Leben auf der Erde verzögert diese universelle chaotische Energieverstreuung. Denn die Sonnenenergie, die auf die Erde trifft, wird benötigt, um die hochkomplexen Lebensformen aufzubauen und zu erhalten. Das geht nicht bis in alle Ewigkeit, denn Leben ist vergänglich. Wir Menschen zerfallen irgendwann wieder in einzelne Moleküle, die in die Stoffkreisläufe auf der Erde eingeschleust werden. Und auch die Sonne scheint nicht ewig; wenn sie als Supernova explodiert und danach erlischt, bleibt das universelle Chaos. Bis dahin sollten wir dankbar sein und uns freuen, dass wir zusammen mit allen anderen Lebewesen gespeicherte Sonnenenergie sind.

Lassen Sie uns zum Schluss über folgenden Satz des Chemieingenieurs *Klaus Lucas* nachdenken: „Es gibt keinen Wohlstand innerhalb der Stadtmauer ohne eine Mülldeponie außerhalb." Noch einmal: „Es gibt keinen Wohlstand innerhalb der Stadtmauer ohne eine Mülldeponie außerhalb." Die Stadt ist durch eine Mauer von der Umgebung abgeschirmt, denn die in der Stadt lebenden Menschen, denen es sehr gut geht, wollen ihren Wohlstand vor Räubern schützen. Wohlstand ist mit Ordnung verbunden: ein reichhaltiges und gut sortiertes Angebot an Konsum- und Luxusgütern, ordentliche Schulen, gepflegte Parks, gefegte Straßen, saubere Schwimmbäder und Toiletten usw. Um diesen Zustand aufrecht zu erhalten oder möglichst noch zu verbessern, sind energiereiche Ressourcen erforderlich, die von außen in die Stadt gebracht werden müssen, seien es tropische Edelhölzer zum Bauen, Erdöl und Atomstrom zum Heizen, edelste Metalle und Steine zum Schmücken, Rindfleisch und Kaviar zum Essen und vieles mehr. Hoffentlich wird dabei wenigstens fair gehandelt, ohne Sklaven- und Kinderarbeit und ohne kriegerische Beute. Darüber hinaus wird es besonders klar, was eine wohlhabende Stadt außerhalb ihrer Mauern an Chaos verursacht, wenn man sieht, was aus der Stadt nach draußen ab-gegeben wird? Ab-gase, Ab-wärme, Ab-wasser, Ab-fall.

Abgasreinigung, Wärmerückgewinnung, Abwasserreinigung, Abfallaufbereitung und stoffliches Recycling – alle Umweltschutzmaßnahmen sind Arbeiten gegen das Chaos. Und da das Chaos immer größer wird, werden diese Maßnahmen immer mehr und wichtiger. Wer die Welt retten will, wer also ein echter Öko-Freak ist, muss Chemie- oder Umweltingenieur werden, denn dann hat er die größte Fachkompetenz, um sein Ziel zu erreichen.

<u>Aufgaben</u>:

1. Welche Einheit hat die Entropie?
2. Wie hängen Enthalpie, Entropie und freie Enthalpie formelmäßig zusammen (Gipps'sche Gleichng)?
3. Das Kalkbrennen, die Zersetzung von Calciumcarbonat zu Calciumoxid und Kohlenstoffdioxid läuft oberhalb 1000 °C freiwillig ab. Kommentieren Sie diesen Befund bitte mit der Gibbs'schen Gleichung.

4.   Kann man aus einer gebrauchten Käse-Verpackungsfolie eine neue herstellen? Philosophieren Sie bitte über den Begriff „Recycling".

17   Vom Feuerstein zur globalen Metakrise – Ist der Homo sapiens wirklich weise?

Liebe Leserinnen und Leser, quasi als Zugabe möchte ich noch einmal auf das Thema Chaos zurückkommen. Denn der Mensch hat bei all seiner Intelligenz und seinen vielseitigen Begabungen und seiner Ausdrucks- und Kooperationsfähigkeit offensichtlich auch ein großes Talent dazu, irgendwie Chaos zu stiften.

Es war einmal, vor langer, langer Zeit, als unsere Vorfahren erstmals Steine aufeinanderschlugen. Da flogen Funken, mit denen sie z.B. Heu entzünden konnten; so hatten sie ihre erste Fackel – und wurden zu Chemikern.

Das Feuer war und ist für Menschen gefährlich und nützlich zugleich und auf jeden Fall faszinierend. Als die Menschen lernten, es zu erzeugen und zu bändigen, begann das Zeitalter des Homo chemicus. (Bis Feuer als Ergebnis einer Redoxreaktion, bei der Wärme und Licht freigesetzt wird, definiert wurde, dauerte es allerdings noch ein paar Jahre.) Die Menschen verbrannten Holz, später Kohle und noch später Erdöl und Erdgas, um ihren Wohnort gemütlich zu heizen und um ihr Essen durch Erhitzen bekömmlicher zuzubereiten, sie schmolzen kupfer- und zinnhaltiges Gestein zu Bronze zusammen – das geschah in der Bronzezeit – und gewannen später aus Eisenerz carbothermisch das Metall, um daraus nützliche Werkzeuge herzustellen – das geschah in der Eisenzeit. Das alles und vieles mehr war ein enormer Fortschritt für die Menschheit.

Dass bei den gerade genannten Prozessen Kohlenstoffdioxid entsteht, spielte zunächst keine Rolle. Die Menschen bemerkten das farb- und geruchslose und für sie ungiftige Gas noch nicht einmal. Erst viele Jahrtausende nach der Bändigung des Feuers interpretierten sie – genauer gesagt die Analytischen Chemiker – das Infrarotspektrum des CO_2: Das lineare Molekül wird durch Wärmestrahlung zu verschiedenen symmetrischen und unsymmetrischen Streck- und Kippschwingungen angeregt, womit die molekulare Grundlage des Treibhauseffektes beschrieben ist – mehr Kohlenstoffdioxid in der Atmosphäre führt zu deren zunehmender Erwärmung und damit zur Verschiebung des ökologischen Gleichgewichts auf der Erde. Mit dem ersten Feuerstein begann also der Klimawandel.

Es gibt noch eine brutalere Konsequenz der Feuer-Beherrschung. Mit dem Feuer ließen sich nämlich die Hütten unliebsamer Nachbarn anzünden, mit Schwertern aus Bronze- und Stahl konnten Kriege geführt werden. Die Bändigung des Feuers war der erste Schritt auf dem Weg zur Atombombe.

Mit dem Feuer – insbesondere dem in Kohlekraftwerken, wird auch elektrischer Strom erzeugt. Und damit wiederum wird die Nacht zum Tag. Die hell erleuchteten Metropolen auf der Erde kann man von Weltall aus gut sehen. Jede Straßenlaterne, die uns in einer warmen Sommernacht den Weg für einen Spaziergang erleuchtet, bedeutet für hunderte Insekten den Tod. Insektensterben aufgrund der Lichtverschmutzung der Erde – hm, da ist wohl auch etwas schiefgelaufen.

Vor zehn- bis zwölftausend Jahren wurden unsere Vorfahren, die Jäger und Sammler, sesshaft und fingen an, Land- und Viehwirtschaft zu betreiben. Endlich sesshaft, endlich Schluss mit dem unsteten Leben ohne festen Wohnsitz. Hochkulturen entstehen, die menschliche Population wächst – Zeichen von Wohlergehen! Hm, wirklich Zeichen von Wohlergehen? Der israelische Historiker Yuval Noah Harari, dessen Bestseller „Eine kurze Geschichte der Menschheit" [27] sehr lesenswert ist, sieht das ganz anders. Die Wende zur Landwirtschaft sei der Anfang vom Ende gewesen, so meint Harari. Denn nicht der Mensch habe beispielsweise den Weizen domestiziert, sondern genau umgekehrt, der Weizen habe den Menschen domestiziert. Harari argumentiert folgendermaßen – ich zitiere:

„Vor zehntausend Jahren war der Weizen nur eines von vielen Wildgräsern. Doch innerhalb weniger Jahrtausende breitete er sich über die ganze Welt aus. Nach den Gesetzen der Evolution ist er damit eine der erfolgreichsten Pflanzen aller Zeiten. Wie hat der Weizen das geschafft? Tja, indem er den armen Homo sapiens aufs Kreuz legte. Diese Affenart hatte bis vor zehntausend Jahren ein angenehmes Leben als Jäger und Sammler geführt, doch dann investierte sie immer mehr Energie in die Vermehrung des Weizens. Der Weizen ist eine anspruchsvolle Pflanze. Er mag keine Steine, weshalb sich die Sapiens krumm buckelten, um sie von den Feldern zu sammeln. Der Weizen teilt seinen Lebensraum, sein Wasser und andere Nährstoffe nicht gerne mit anderen Pflanzen, also jäteten die Sapiens tagein, tagaus unter der glühenden Sonne Unkraut. Der Weizen wurde leicht krank, also mussten die Sapiens nach Würmern und anderen Schädlingen Ausschau halten. Weizen kann sich nicht vor Kaninchen und Heuschrecken schützen, die ihn gerne fressen, weshalb die Bauern ihn schützen mussten. Weizen ist durstig, also schleppten die armen Sapiens Wasser aus Quellen und Flüssen herbei, um ihn zu bewässern. Und der Weizen ist hungrig, weshalb die Menschen Tierkot sammelten, um den Boden zu düngen, auf dem er wuchs. Auch die Brandrodung kam dem Weizen zugute. Nicht wir Menschen haben den Weizen domestiziert, der Weizen hat uns domestiziert. Das Wort „domestizieren" kommt von lat. *domus* für „Haus". Wer lebt eingesperrt in Häusern? Der Mensch, nicht der Weizen. Wenn der Regen ausblieb, Heuschreckenschwärme einfielen oder die Pflanze von Pilzen befallen wurde, starben die Bauern zu Tausenden oder Millionen."

Harari beschreibt hier die Entwicklung der modernen industriellen Landwirtschaft mit all ihren ökologischen Problemen wie Bodenverdichtung, Erosion, Überdüngung, giftigen Pflanzenschutzmitteln, Wasserverbrauch und Wasserkontamination, Artensterben etc. Also irgendetwas ist da in der Entwicklung der Menschheit auch schiefgelaufen.

Ähnlich ist es in der Tierzucht. Hühner, Kühe, Schafe und Schweine wurden zu den häufigsten Tieren auf der Welt, eigentlich ein evolutionärer Segen. Doch diese Tiere – so Harari – „gehören zu den unglücklichsten Lebewesen, die es je gab." Von Tierethik hält der Homo sapiens offensichtlich auch nicht viel.

Also, die Eingangsfrage sei noch einmal gestellt: Ist der Homo sapiens wirklich weise, wenn er sein eigenes übermäßiges Bevölkerungswachstum, den Klimawandel, die ökologischen Probleme in der Landwirtschaft und Tierzucht verursacht hat – und wenn ihm jetzt sogar auch noch die Elektromobilität heilig wird?

Dafür, genauer gesagt für die dafür erforderlichen Batterien braucht man Lithium. Das muss erstmal als Lithiumcarbonat aus seinen Lagerstätten herausgewaschen werden, wozu wahnsinnig viel Wasser erforderlich ist und wobei alkalisch kontaminierter Boden zurückbleibt, auf dem wohl nichts mehr wachsen wird. Anschließend ist eine Gewinnung des reaktiven Alkalimetalls durch Schmelzflusselektrolyse erforderlich. Wo kommt wohl der dafür erforderliche elektrische Strom her? Na klar, aus den nächsten Kohle- oder Atomkraftwerk. Mit den mit Lithium-batterien ausgestatteten E-Autos kann die Menschheit dann endgültig in den ökologischen Abgrund rasen – vorteilhaft dabei ist dann, dass dies ohne Emission schädlicher Abgase geschieht.

Nun, da ich für das Buch von Harari Werbung gemacht habe, erlaube ich es mir, zum Schluss auch noch Werbung in eigener Sache zu machen. Was ich in diesem Hörbuch chemisch-fachlich besprochen habe, können Sie, liebe Leserinnen und Leser, in meinem Lehrbuch über „Anorganische Chemie", erschienen im Europa-Lehrmittel-Verlag, nachlesen. Meine zynischen, frechen, witzigen und provokativen philosophischen, politischen und ethischen Kommentare und viele mehr finden Sie in meinem neuen Buch über „Die globale Metakrise aus dem Blickwinkel der Chemie", das im Books-on-Demand-Verlag erhältlich ist.

Vielen Dank.

<u>Aufgaben</u>:

1. Was ist Bronze? Was ist Stahl?
2. Informieren Sie sich bitte über die Schwingungsspektroskopie des Kohlenstoffdioxids.
3. Wie erfolgt Die Gewinnung von elektrischem Strom in einem Kohle- bzw. in einem Atomkraftwerk?
4. Welche anorganischen Düngemittel kennen Sie?
5. Wie funktionieren die beiden in der Vorlesung besprochenen Schmelzflusselektrolysen zur Gewinnung von Natrium bzw. Aluminium?
6. Welche Batterien wurden in der Vorlesung besprochen und wie funktionieren sie?

Literatur und Filme

[1] Emanuele Coccia: Die Wurzeln der Erde – Eine Philosophie der Pflanzen. – Hanser Verlag, München 2018

[2] Kenneth Branagh: Mary Shelley's Frankenstein; Tristar, 1994 – Trailer: https://www.youtube.com/watch?v=GFaY7r73BIs (16.7.2021)

[3] Mai Thi Nguyen-Kim: Die kleinste gemeinsame Wirklichkeit – wahr, falsch, plausibel? Die größten Streitfragen wissenschaftlich geprüft. – Droemer Verlag, München 2021

[4] Dennis L. Meadows, Donella Meadows, Erich Zahn, Peter Milling: Die Grenzen des Wachstums – Bericht des Club of Rome zur Lage der Menschheit. – Deutsche Verlags-Anstalt, Stuttgart 1972

[5] Hans Jonas: Das Prinzip Verantwortung. – 5. Aufl., suhrkamp taschenbuch 3492, Insel Verlag, Frankfurt 1979

[6] Sven Plöger: Zieht euch warm an, es wird heiß! – 4. Aufl., Westend Verlag, Frankfurt 2020

[7] Bernhard Kegel: Die Natur der Zukunft – Tier- und Pflanzenwelt in Zeiten des Klimawandels. – DuMont Buchverlag, Köln 2021

[8] Maude Barlow: Das Wasser gehört uns allen – Wie wir den Schutz des Wassers in die öffentliche Hand nehmen können. – Verlag Antje Kunstmann, München 2020

[9] Deborah Koons Garcia: Synphony of the Soil; Lily Films, 2013. – Ganzer Film: https://www.youtube.com/watch?v=tDZVKMe2FTg (12.7.2021)

[10] Peter Laufmann: Der Boden – das Universum unter unseren Füßen. – Bertelsmann Verlag, München 2020

[11] Tim Flannery: Wir Klimakiller – wie wir die Erde retten können. – Fischer-Verlag, Frankfurt 2007

[12] Klaus Lucas, VDI-Nachrichten, 24.5.1991

[13] Franz Alt: Die Sonne schickt uns keine Rechnung – Neue Energie, neue Arbeit, neue Mobilität. – Piper Verlag, München 2009

[14] Harald Lesch, Klaus Kamphausen: Wenn nicht jetzt, wann dann? – Handeln für eine Welt, in der wir leben wollen. – Penguin Verlag, München 2019, S. 208-226

[15] Ute Scheub, Haiko Pieplow, Hans-Peter Schmidt: Terra Preta – Die schwarze Revolution aus dem Regenwald. – 5. Aufl., oekom verlag, München 2015

[16] Peter Singer: Animal Liberation – Die Befreiung der Tiere. – Fischer Verlag, Erlangen 2015

[17] Rachel Carson: Der stumme Frühling. – 127.-130. Aufl., Verlag C. H. Beck, Nördlingen 2007

[18] Jürgen vom Scheidt: Innenweltverschmutzung – Die verborgene Aggression – Symptome, Ursachen, Therapie. – Fischer Taschenbuch Verlag, Frankfurt, 1988

[19] Jan Haft: Die Magie der Moore; nautilus film, 2015. – Trailer: https://www.youtube.com/watch?v=nHncr_6M7to (16.7.2021)

[20] Michael Gryzmek, Bernhard Gryzmek: Serengeti darf nicht sterben; 1959. – Trailer: https://www.youtube.com/watch?v=JLUL6m0pQkE (16.7.2021)

[21] Wim Wenders, Juliano R. Salgado: Das Salz der Erde; Decia Films, 2014. – Trailer: https://www.youtube.com/watch?v=N8FBmtLIKhY (12.7.2021)

[22] James Lovelock: Die Erde und ich. – Taschen GmbH, Köln 2016;

[23] Lothar Frenz: Wer wird überleben? – Die Zukunft von Natur und Mensch. – Rowohlt Verlag, Berlin 2021

[24] Maja Göpel: Unsere Welt neu denken – eine Einladung. – 3. Auflage, Ullstein Buchverlage, Berlin 2020

[25] Eva Horn: Zukunft als Katastrophe. – Fischer-Verlag, Frankfurt 2014

[26] Fritjof Capra: Wendezeit – Bausteine für ein neues Weltbild. – Deutscher Taschenbuch Verlag, München 1991; deutsche Filmfassung dazu, 1990: https://www.youtube.com/watch?v=45S4bNSHYDI (16.7.2021)

[27] Yuval Noah Harari: Eine kurze Geschichte der Menschheit. – 35. Aufl., Pantheon Verlag, München 2015

Der Autor

Dr. Volker Wiskamp (geb. 5.3.1957) ist seit 1989 Professor an der Hochschule Darmstadt und unterrichtet dort im Fachbereich Chemie- und Biotechnologie in der Grundausbildung die Fächer Allgemeine, Anorganische und Analytische Chemie, Organische und Industrielle Chemie, Bio- und Naturstoffchemie und hat den fachdidaktischen Arbeitsschwerpunkt Umweltschutz und Ökologie, insbesondere im Rahmen des fächerverbindenden Chemieunterrichts.

Im Verlag Books on Demand (BoD) ist im März 2021 dieses Buch von V. Wiskamp erschienen, in dem seine fachdidaktischen Ökologie-Projekte der letzten fünf Jahre zusammengefasst sind:

Anschrift:
Prof. Dr. Volker Wiskamp
Hochschule Darmstadt, Fb. Chemie- und Biotechnologie,
Gebäude B 15, Stephanstraße 7, 64295 Darmstadt
Tel.: 06151-1638215, E-Mail: volker.wiskamp@h-da.de

für Yoshiki